清醒地活

超越自我的生命之旅

THE UNTETHERED SOUL
The Journey beyond Yourself

[美] 迈克尔·辛格（Michael A. Singer）著
汪幼枫 陈舒 译

机械工业出版社
CHINA MACHINE PRESS

图书在版编目（CIP）数据

清醒地活：超越自我的生命之旅 /（美）迈克尔·辛格（Michael A. Singer）著；汪幼枫，陈舒译．-- 北京：机械工业出版社，2021.7（2024.11 重印）
书名原文：The Untethered Soul: The Journey beyond Yourself
ISBN 978-7-111-68577-7

Ⅰ. ①清… Ⅱ. ①迈… ②汪… ③陈… Ⅲ. ①成功心理 - 通俗读物 Ⅳ. ① B848.4-49

中国版本图书馆 CIP 数据核字（2021）第 128449 号

北京市版权局著作权合同登记 图字：01-2021-2312 号。

清醒地活：超越自我的生命之旅

出版发行：机械工业出版社（北京市西城区百万庄大街 22 号 邮政编码：100037）
责任编辑：邹慧颖 彭 箫
责任校对：马荣敏
印　　刷：保定市中画美凯印刷有限公司
版　　次：2024 年 11 月第 1 版第 16 次印刷
开　　本：147mm × 210mm 1/32
印　　张：7.25
书　　号：ISBN 978-7-111-68577-7
定　　价：59.00 元

客服电话：（010）88361066 68326294

献给大师们

赞誉

迈克尔·辛格行文优雅而简约，带领你一步一步走过自我的旅程，领略智慧的瑜伽，直至神性。认真读一读本书，你得到的将远远不止对永恒的一瞥。

——迪帕克·乔普拉，《死亡后的举证责任》作者

迈克尔·辛格以清晰、朴实的笔调传达了古往今来关于心灵的伟大学说的精髓。对于人性所受的约束，对于如何优雅地解开每一个结，以使心灵自由地飞翔，作者在本书的每一章中都进行了富有启发意义的深入思考。本书的精与简体现了真正的大师风范。

——詹姆斯·奥戴，思维科学研究所（IONS）所长

这本书可以触及心灵深处，你从中会找到一面镜子，照见你那绝对的、神圣的自我。如果你想拥有不受信条和仪式约束的心灵，读读这本书吧。

——扎尔曼·沙克特－夏洛米拉比，《犹太人的情感》和《从变老到入圣》合著者

迈克尔·辛格为我打开了一个全新的视角，他的这本书向我的心理和智力发起了一个新奇而令人兴奋的挑战。这本书可能需要反复地阅读和反思，但对于任何想充分了解自己、探索真相的人而言，它都是一本必读书。

——路易斯·基亚瓦奇，美林证券高级副总裁，《巴伦周刊》排名前15位的美国投资经理

本书对灵性意识之路进行了绝妙论述，条理清晰，极具感染力。迈克尔·辛格帮助那些正在进行其灵性之旅的人迈出了坚实的一步。

——阿卜杜勒·阿齐兹·塞得，美利坚大学和平研究教授，拥有伊斯兰和平教席

东方是东方，西方是西方，但迈克尔·辛格在一部了不起的论著中架起了东西方伟大传统之间的桥梁，探讨了我们应如何在精神追求与日常磨难中取得生活的成功。弗洛伊德

说生命是由爱和工作组成的，辛格凭借出色的表达力、智慧和令人信服的逻辑，在这本精彩的著作中把二者表现为无私奉献的两极，从而完美诠释了这一思想。

——雷·库兹韦尔，发明家，美国国家技术奖章获得者，《灵魂机器的时代》和《奇点临近》作者

这是一本影响深远的书，坦率地说，它自成一类。迈克尔·辛格以一种简单而又深刻的悖论方式，带领读者踏上了一段旅程，从被束缚在自我上的意识出发，最后引领我们超越了短视而局限的自我形象，进入了一种内心自由和解放的状态。对于所有寻找并渴望拥有更丰富、更有意义、更有创造力的生活的人而言，迈克尔·辛格的书是无价之宝。

——瑜伽士阿姆里特·德赛，国际公认的现代瑜伽先驱

推荐序

读《清醒地活》

我第一次听说迈克尔·辛格，是因为去年夏天朋友送我的一本书。那是辛格的另一本书——《臣服实验》，封底有一段简短的文字，讲述了他的人生故事：一个毕业于佛罗里达大学的经济学学生，从年轻时第一次听到"头脑里的那个声音"开始，到走进山林，日复一日地练习瑜伽和冥想；他在隐居处建立起一个瑜伽社区，随后却走出森林，意外创办了一家上市医疗管理公司。

那是我第一次知道迈克尔·辛格的故事。除去他那些极度坦诚的话语、略显传奇的遭遇，也让我回想起自己过去的一些经历。五年之前，我还是一个产品经理，供职于一家飞速发展的互联网公司。每天我都忙于设计各种吸引用户注意力的功能，只为让人们可以在千变万化的数字世界里多停留一会儿。

故事的转折出现在某个清晨，我从床上醒来，一个声音在我脑海里浮现：我每天全部的时间只是为了让用户多停留一分钟吗？这是我所期待的生活吗？这是我真实的样子吗？

我回想起小时候在乡村成长的经历。那时候我经常一整天都坐在院子里，耳边充满了鸟叫蝉鸣与风声，偶尔天空中传来一阵轰鸣——那是万米之上一个叫飞机的物体划过；阳光下屋檐的影子由长变短，由短变长，最终消失于夜幕降临时，月亮从树梢上慢慢升起。而我常常有一种清晰的体验，可以很清楚地看到自己，看见自己在院子里发呆的样子。

我决定听从内心声音，和几个伙伴一起离开公司，仅仅是为了做一个自己认可、用户能真正受益的产品。

事情哪会如此顺利。在连续两次尝试之后，我收获的是焦虑、压力和严重失眠，现实变成了意料之外的样子。恰好在那时，我重新接触到了正念冥想——多年以前我在大学时曾稍有了解，不同的是，这一次我开始深入练习。在日复一日的体验中，我的身心状态逐渐恢复。正是这段经历再次提醒并启发了我，让我重新听到最初那个唤醒自己的声音——打造一个帮助人们回归内心的产品。

有了想法之后，事情开始变得简单，没过多久我们就做出了第一个测试版本，之后产品顺利上线并获得推荐，我们积累了第一批种子用户。在看到用户真实的反馈和需求后，我们决定正式成立公司，并顺利获得了第一笔融资，招募更多伙伴以组建团队。看上去每一步都顺理成章，但我内心知道，在每一次面临未知的选择时，我只是选择了顺流而下。

如果仅止于此，那么这只是一个自然而然、听从内心的创业故事，就像迈克尔·辛格在《臣服实验》中提到的那样。

当创业之初的美好时光过去，和大多数初创公司一样，我也开始踏入这段旅程中更真实的部分。越来越多的声音开始出现，内部的、外部的，正面的、负面的，令人愉悦的、让人痛苦的，层出不穷。这些声音由清晰变得不清晰，由不清晰逐渐变得清晰，至今我仍然身处其中，无法逃避或抗拒。而这恰恰又是在我身上发生的再真实不过的事了。

世界的奇妙之处在于，如果说打造潮汐的初衷是希望帮助人们放松下来、回归内心，那么做潮汐本身对我来说，就是一个在外部声音、真实世界和内心状态中不断迷失又不断醒来的重复过程，而这一切，最终变成了一种修行体验。

因此，当我翻开并阅读《清醒地活》时，常常会因产生共鸣而乐在其中。尤其是书中提到的生命中那些卡住的时刻，更是让我想起过去的种种经历。不管是业务进展不顺、伙伴离开，还是一路遭遇的各种声音和怀疑，甚至曾经有一段时间，太多的变化扑面而来，让我像被冻住了一样难以动弹，好不容易刚往前迈出几步，又有新的状况出现。

在这些卡住的时刻，我反复体会着这样一种经验：在我们每天的生活里，认识自己、回归内心并保持清醒和觉察是一件十分重要，却又如此充满挑战的事。这种挑战往往并非事情上的困难，而是当内心世界遭遇波动时，我们尝试对真实世界发起的定义或控制，以及这种注定徒劳的尝试所带来的消耗。

我渐渐明白，真正的正念不是在静态封闭的环境中练习，而是让自己置身于尘世之间。真正的答案不是在脑海之中，而在走入人海和生活。

身处这个嘈杂的世界，我们每天在真实和虚拟的生活中往返、体验、沉沦而又不断醒来。我无法期待自己一劳永逸地从卡顿中走出，也不可能掌控生活的全部剧情。正如此刻、下一刻、再下一刻，我都在这条河流之中。

即便如此，我们依然可以试着去找到一种属于自己的方式，无论是一本书、一个产品、一次散步，还是吃一顿饭、喝一杯水、做一次冥想，放松下来。从此刻开始，我们一起踏上这趟认识自我、回归内心的旅程。

郎启旭　潮汐 App 创始人

前言

尤其要紧的是，你必须对你自己忠实；正像有了白昼才有黑夜一样，对自己忠实，才不会对别人欺诈。

——威廉·莎士比亚（朱生豪译）

莎士比亚《哈姆雷特》第一幕中波洛涅斯对儿子雷欧提斯说的这句名言，意思再清晰明了不过。它告诉我们，要与他人保持诚实的关系，我们首先必须忠实于自我。然而，如果雷欧提斯对自我完全诚实，他就会意识到，父亲在让他做一件徒劳的事情。毕竟，我们并不确定我们要忠实于哪一个"自我"。是在我们心情不好时出现的那个人，还是在我们为自己的错误而感到惭愧时出现的那个人？是在我们沮丧或不安时在幽暗的内心深处说着心里话的那个人，还是在生活显得无比美好和光明的瞬间出现的那个人？

从这些问题中我们可以看出，“自我”的概念可能比我们最初设想的更难以捉摸些。如果雷欧提斯向传统心理学求助的话，后者或许可以对这一主题稍做阐释。心理学之父弗洛伊德（1927）将人的精神分为三个部分：本我（id）、自我[一]（ego）和超我（superego）。他认为本我是我们原始的动物本性；超我是社会灌输给我们的判断体系；自我则是我们面对外部世界时的代表，它努力在另外两种强大的力量之间保持平衡。但这肯定帮不了年轻的雷欧提斯。归根结底，我们还是不知道，在这些相互矛盾的力量之间，我们究竟应该忠实于哪一种。

我们也认识到，事情并不总像表面上看起来那么简单。如果我们敢透过“自我”这个词的表面去探讨自我，就会触及很多人不愿问的问题：“我的存在的诸多方面都是我的‘自我’中平等的一部分吗？还是说只存在一个我？哪种情况是真的？我在哪里？这是怎样形成的？为什么会这样？”

在接下来的章节中，我们将展开一次探索自我的旅程，但我们不会以传统的方式进行。我们既不会求助于心理学专家，也不会求助于伟大的哲学家；我们不会在历史悠久的宗教观点之间进行争论和选择，也不会求助于由统计学支持的

[一] 弗洛伊德理论中的“自我”与书中其他地方出现的“自我”（self）是两个易于混淆的概念，前者强调自我评价和身份感，后者强调个性和本性，又译为“自性”。——译者注

民意调查。相反，我们将探索一个单一的来源，它在这个主题上拥有惊人的直接知识。我们将求助于一位专家，他生命中的每一天、每一刻都在收集必要的数据，以便最终完成这一伟大的探索。这位专家就是你。

但是先别忙着激动，也别急于一口咬定你不能胜任这项任务。你要明确一点，我们并不在意你对这个问题的看法和观点。我们也不关心你读过什么书，上过什么课，或是参加过什么研讨会。我们唯一感兴趣的是你对你的本性的直觉体验。我们不是在寻求你的知识，而是在寻求你的直接经验。所以你不可能做不到，因为你的自我就是你的本性，在任何时间、任何地点都是如此。我们只需要把它厘清，毕竟它在内心世界中可能会变得相当混乱。

本书中的各个章节仅仅是一面面镜子，让你能从不同的角度看“自我”。虽然我们即将踏上的旅程是一个内在的旅程，但它会影响你人生的方方面面。它对你唯一的要求就是，以最自然、最直觉的方式诚实地看待自己。记住，虽说我们是在寻找“自我”的根源，但我们真正要寻找的其实是你。

在阅读本书的过程中，你会发现，对于一些非常深奥的主题，你了解的比你想象中的要多得多。事实上，你本就知道该如何找到自己，你只是有点心烦意乱，找不到方向罢了。一旦重新聚焦，你将会意识到你不仅有能力找到自己，还有能力解放自己。你是否要这样做完全取决于你，但是当你读完这些章节后，你将不再困惑，不再缺乏对命运的掌控力，也不会再责怪他人。你会清楚地知道自己必须做什么。如果你选择义无反顾地踏上持续不断的自我实现之旅，你就会对真正的自己产生一种强烈的尊重。只有到那时，你才能完全领悟这句忠告的深刻内涵——“尤其要紧的是，你必须对你自己忠实”。

致谢

这本书的种子是许多年前琳达·比恩（Linda Bean）在为我的一些讲座做笔录并鼓励我写一本书时种下的。她耐心地整理了多年的档案资料，直至我的写作时机成熟。我深深感激她在这项工作上的投入和奉献精神。

我开始动笔之后，卡伦·恩特纳（Karen Entner）帮助我整理材料，提出内容方面的建议，并负责维护手稿。我们一起修改了一个又一个版本，直到流畅的文字能给心灵、大脑和灵魂带来一种平和的感觉。对于她的奉献精神和真诚工作，我深表感激，而这本书的出版也让她毕生的梦想之一开花结果了。

目录

第三部分　自我解放

第四部分　超越

第五部分　亲历生活

第一部分

觉醒中的意识

第 1 章

脑海中的声音

“该死，我想不起她的名字了。她叫什么来着？真倒霉，她走过来了。她到底叫什么？莎丽？还是苏？她昨天刚告诉过我的。我这是怎么了？待会儿一定会很难为情的。”

也许你没有注意到，你的脑海中一直在进行着无休无止的心理对话。对话滔滔不绝，每时每刻都在进行。你有没有想过它为什么会出现在你的脑海中？它是如何决定说什么以及什么时候说的？它说的话中有多少是真实的，又有多少有着重要的意义？如果你现在听到一个声音，“我不知道你在说什么，我的脑海里没有任何声音”，那么这正是我们所说的那个声音。

如果你足够聪明的话，你就会停下思绪，从中抽离出来，仔细研究这个声音，以便更好地了解它。可问题在于，你离它太近，无法做到客观。所以你必须离得远一些，才能观察它是如何交谈的。当你在开车的时候，你会听到诸如此类的内心对话：

> “我不是应该给弗雷德打电话的吗？我应该给他打电话的。哦，天哪，真不敢相信我居然把这事给忘了！他一定会很生气的。他可能再也不会和我说话了。也许我应该立刻停车并给他打电话。不，我现在不想停车……”

注意，这个声音同时充当着对话的双方。它并不在意自己正在充当哪一方，只要能一直说下去就行。当你累了，想睡觉的时候，你脑海里的声音会说：

> “我在做什么？我还不能睡觉。我忘了给弗雷德打电话了。我在车上想到过，但当时我没打。如果我现在不打的话……哦，等等，现在太晚了，我不应该在这个时候打扰他。我都不知道我刚才是怎么想的。我得去睡觉了。哦，真可恶，现在我睡不着了。我已经不觉得累了。但是明天有很重要的安排，我必须早起。”

难怪你睡不着！你为什么要忍受这个一直在对你唠叨的声音？即使它说的是一些亲切、抚慰的话语，它也干扰了你正在做的事情。

如果你花些时间观察脑海中的这个声音，你就会注意到，它永远都不会停止。当你不理会它时，它就在那里自说自话。想象一下，如果你看到有人一边走来走去，一边不停地自言自语，你一定会觉得他很奇怪。你会想："如果他既是说话者，又是听众，那么他在说话之前显然就知道自己要说什么了。这一切有什么意义呢？"你脑海里的声音也是如此。它为什么要说话？说的人是你，听的人也是你。当这个声音与自己争论不休时，它究竟是在与谁争论？谁有可能在争论中获胜？这让人越琢磨越困惑。请听：

"我想我应该结婚。不！你知道你还没准备好。你会后悔的。但我爱他。哦，拜托，你以前还觉得自己爱汤姆呢。如果当初你嫁给汤姆会怎样呢？"

如果你仔细观察，你会发现这个声音只是在努力寻找一个舒适的憩息点。它会在瞬间改变立场，只要这么做可以帮助它达到目的。就算是发现自己错了，它也不会安静下来。它只会调整一下自己的观点，然后继续说下去。如果你仔细关注一下，你就能轻松识别这种心理模式。当你第一次注意到你的大脑在不停地说话时，这确实是一个令人震惊的发现。你甚至可能对它大喊大叫，让它闭嘴，但收效甚微。接着，你会意识到这其实是那个声音在对它自己大喊大叫：

"闭嘴！我想睡觉。你为什么非要说个没完？"

很显然，你没法就这样让它闭嘴。要让自己摆脱这种没完没了的唠叨，最好的办法就是从中抽离，客观地看待它。就把这个声音看成一种发声机制吧，它能让你觉得有人正在你的脑海中和你说话。不要去想它，注意到它就可以了。不管这个声音在说什么，都没有什么区别。不管它说的是好事情还是坏事情，俗世的事情还是宗教的事情，这些都不重要，因为说到底，它只不过是你脑海中的一个声音罢了。事实上，唯一能让你远离这个声音的方法就是停止辨别它在说什么。别再将它说的一些话看作你本人想说的，而另一些则不是。如果你听到它说话，很显然说话者并不是你。你只是那个听到声音的人，是那个注意到它正在说话的人。

它说话的时候你的确能听到，对吗？那么你现在就让它反复说几声“你好”。你能听到脑海里的“你好”吗？当然可以。有声音在你的脑海里说话，而你则注意到这个声音在说话。问题在于，你很容易注意到这个声音在说“你好”，但你却很难意识到，不管这个声音在说什么，它都只是一个在说话的声音而已，而你则是听者。这个声音说的任何一句话都绝对不会比它说的其他话更能反映真实的你。假设你正注视着三样东西——一个花盆、一张照片和一本书，然后有人问你：“你是其中的哪一个？”你会说：“一个都不是！我是那个正看着你摆在我面前的东西的人。不管你摆在我面前的是什么，我始终是那个观看者。”你瞧，这就是主体感知各种客体的一种行为。

听到脑海里的声音也是如此。这个声音究竟在说什么一点儿都不重要，重要的是，你是那个意识到它的人。只要你还认为它所说的一些话是你本人想说的，而另一些则不是，你就依然没有客观性。你可能想把自己当成说好话的那一方，但说好话的其实仍然是那个声音。你可能喜欢它说的话，但说话者并不是你。

对真正的成长而言，最重要的是要认识到你并不是脑海中的声音，而是这个声音的倾听者。如果你不明白这一点，你就会纠结于无数的声音中究竟哪一个才是你。人们以“试图找到自己”的名义不断改变自己，想要发现在这无数的声音中，在他们的种种个性里，哪一个才是真正的自己。答案很简单：全都不是。

如果客观地看待这个问题，你会发现脑海中的声音大多是没有意义的，只是在浪费时间和精力。事实上，无论脑海中的声音说些什么，生活的大部分内容都会在各种力量的推动下展开，而这些力量远不是你所能左右的。这就好比你晚上准备休息时，心里担心明天早上太阳还会不会升起。无论如何太阳都是要升起的，也都是要落下的。千千万万件事情在这个世界上发生着，你可以任意想象，但生活照样继续。

实际上，你的思想对世界的影响远比你期望中的要小得多。如果你愿意客观地看待自己所有的思想，你会发现它们中的绝大部分都是没有意义的。除了对你，它们对其他人、其他事毫无影响。它们只能让你对现在发生的事、过去发生的事或将来可能发生的事感觉好一点或差一点罢了。如果你花时间盼望明天不要下雨，那你就是在浪费时间。你的思想阻止不了下雨。有一天你会发现，内心的喋喋不休是徒劳的，也没有必要执着于把一切都弄清楚。最后你会明白，问题真正的根源并不是生活本身，而是思想给生活造成的混乱。

这就引出了一个严肃的问题：如果脑海中的声音大多是无意义且不必要的，那么它为什么会存在呢？回答这个问题的关键在于理解为什么在那个时候要发出那样的声音。例如，有时候，脑海中发出声音和茶壶发出哨声是出于同一个原因，即内心积聚了能量，需要释放出来。如果你客观地观察，你会发现当内心积聚了紧张、畏惧或基于欲望的种种能量，脑海中的声音就会变得异常活跃。当你生某人的气，想骂他的时候，这一点尤其明显，甚至还没见到他，你已经在内心骂过他很多次了。当能量在内心积聚，你就会想干点什么。发出声音是因为你的内心不平静，发声可以释放能量。

但你也会发现，即使你并没有被什么事打扰，脑海中的声音还是会出现。当你走在街上，它会说：

“看那条狗，是拉布拉多猎犬！哎，那辆车里还有条狗，真像我的第一条狗——‘影子’。喔，那儿有辆奥兹莫比尔（Oldsmobile），是阿拉斯加牌照，在我们这里很少见哦！”

这时，这个声音实际上在向你叙述你身边的世界，但你真的需要这样吗？你已经看到了身边发生的事情，通过脑海中的声音向自己重复又有什么益处？这需要好好地分析一下。对于任何事物，只要随意看上一眼，大量的细节就会一下子映入眼帘。当你看到一棵树时，你会毫不费力地看到树枝、树叶、花蕾。那么，为什么要把看到的事物转化成言语呢？

“看那棵梾木，绿叶衬着白花，真是漂亮极了。看看它开了多少花，哇，树上都开满了！”

如果你仔细想想，你会发现这样的叙述会使你和身边的世界相处得更加融洽，就像在后座上指挥别人开车，会让你感觉好像事情基本上在你的掌控之下，你好像和那些事物产生了联系。这棵树不再是这世上与你无关的一棵树；这棵树被你看到了，描述过了，判断过了。通过心中的言语，你把自己对世界最初的直接的体验带进了你的思想王国。在那儿，它和你的其他思想融合，比如那些构成你的价值体系的思想和过往经历。

请花一点时间想一想，你对外界的感受和你与内心世界的互动到底有什么不同。当你仅仅是在思考时，你的脑海中可以自由地产生任何想法，这些想法会通过声音表达出来。你非常习惯于在心灵的操场上创造和操纵思想。内心世界是在你控制下的一种替代性环境，而外部世界却依照其自身的法则运转。当声音向你叙述外部世界时，那些思想就与你的所有其他思想平等共存。这些思想会相互融合，并影响你对周遭事物的感受，因此，你的感受其实是你个人对世界的表述，而不是对外部世界未经过滤的直接体验。这种对外部体验的内心操纵可以使现实在进入内心时得到缓冲。比方说，在任一特定时刻，你可以看到无数的事物，但是你只会叙述其中的几个。你的思想会进行阐述的这几个事物对你而言必定很重要。你以这种微妙的预加工方式控制你对现实的感受，以使其能与你的其他思想共存。你的意识所感受到的实际上是你用现实构建的心理模型，而不是现实本身。

你必须关注这一点，因为你一直在这样做。当你在冬天外出，开始战栗，有声音会说："天很冷！"这对你有什么帮助？你已经知道天很冷，你正在感受着寒冷。它为什么还要告诉你天冷？你在心中再塑世界，是因为你虽然不能控制世界，却能控制自己的思想。这就是这个声音向你说话的理由。如果你不能把世界变成你喜欢的样子，你的内心就会用言语表达、判断、抱怨，然后决定要对它做什么。这会使你觉得自己更有力量。当你的身体感觉到寒冷，你也许没有办法改变气温，但当你的内心说"天很冷"时，你却可以告诉自己"我们快到家了，还有几分钟"，这样你就会觉得好受一些。你总能在内心世界做些什么来控制自己的感受。

基本上可以说，你在内心重造了外部世界，然后便住了进去。如果你不这么做的话，会怎么样？如果你决定不进行内心叙述，而只是有意识地观察世界，你会感觉更加开放，更加坦然。其实你真的不知道接下来会发生什么，而你的大脑已经习惯于帮助你。它帮助你的方式是加工你当下的体验，使其符合你对过去的看法和对将来的想象。这一切帮助你制造了一个掌控全局的假象。如果你的大脑不这样做，你就会变得非常不舒服。现实对于我们大多数人来说真实到难以接受，所以我们会通过大脑缓和一下。

你会发现大脑一直在说话，因为你赋予了它这个工作。你把它当作一种保护机制、一种防卫手段来使用。说到底，它会使你感到更加安全。只要你想，你就会不由自主地不断把大脑当作自己和生活之间的缓冲，而不是亲历生活。世界在不断展开，它其实和你以及你的想法并没有什么关系。在你到来的很久之前它就已经存在了，而在你离开很久之后它也还会存在。你名义上是想把握世界，但实际上你只是在力图把握自己。

真正的个人成长应该超越你自身存在问题且需要保护的那部分。要做到这一点，必须始终记住，你是在内心中注意到有声音在说话的那个存在。这就是你的出路。那个存在觉知到你始终在对自己叙说着自己，但它始终保持沉默。它就是深入你自身存在的入口。能觉知到自己正注视着脑海中的声音说话，就可以开始奇妙的内心之旅了。如果使用得当，那么原本是担忧、烦恼和大多数神经症之源的脑海杂音就可以变成真正的精神觉醒的起点。了解了正在关注脑海中的声音的那个存在，你就了解了造物的伟大奥秘之一。

第 2 章

内心深处的室友

一个人内心的成长完全取决于他能否认识到，获得平静和满足的唯一途径就是停止考虑自己。当你终于认识到那个总是在你的内心喋喋不休的“我”永远也不会感到满足时，你就已经做好成长的准备了。这个“我”总是在对某样东西感到不满。说实话，你有多久没有体验过无忧无虑的感觉了？在你遇到目前这个困扰你的问题之前，你面对的是上一个不同的问题。如果你足够聪明，你就会认识到，在目前这个问题消失之后，还会出现下一个问题。

说到底，你永远也摆脱不了层出不穷的问题，除非你能摆脱你内心中总是有着诸多不满的那个部分。当一个问题困扰着你时，不要问“我该怎么办”，而要问“我心灵中的哪一部分在因为这件事而感到烦恼”。如果你问“我该怎么办”，那就意味着你已经开始相信外界确实存在一个必须解决的问题。如果你想在各种问题面前保持平静的心态，你就必须弄清楚为什么你会把某种特定的情况视为一个问题。如果你感到嫉妒，那么你不应该一心想着如何保护自己，你只需自问："是我的哪一部分在感到嫉妒？"这会促使你进行内省，看到自己的内心中有一部分存在着嫉妒的问题。

一旦你清楚地看到了自己内心中感到烦恼的部分，你就自问："看到这一切的是谁？注意到这一内心烦恼的是谁？"问自己这些问题是解决你所有问题的办法。你能看到内心的烦恼，这就意味着你与它并非一体。看到某一事物的过程是以主客体关系为前提的。其中的主体被称为"见证者"，因为正是它看到了正在发生的事情。客体就是主体看到的东西，在这里指内心的烦恼。对内心问题保持客观觉知的做法总比在外部环境中迷失自己强。拥有这种能力的人和世俗的人之间有着本质的区别。"世俗"并不意味着你有钱或有地位，而是说你认为解决你内心问题的方法存在于外部世界。你认为，如果你改变了外部事物，你就能摆脱烦恼。但是，从来没有任何人能够通过改变外部事物而真正好起来，总会有下一个问题冒出来。唯一的、真正的解决办法就是占据"见证者意识"的位置，并且彻底改变你的参照系。

要获得真正的内心自由，你就必须客观地观察自己的问题，而不是迷失其中。当你迷失在某个问题的能量场中时，你找不到任何解决办法。众所周知，当你感到焦虑、恐惧或生气时，你就无法很好地应对当前的情况。因此，你要处理好的第一个问题就是你自己对外部事物的反应。你将无法解决任何外部问题，除非你能够把握住当前局面对你内心的影响。问题通常不是它表面上看起来的那样。当你的认识变得足够清晰时，你就会认识到，真正的问题在于，你内心中的某个部分几乎可以对任何事物产生不满。你要解决这个问题，而这需要完成从“外部方案意识”到“内部方案意识”的转变。你必须打破一种思维习惯，即认为解决问题的办法在于重新安排外部事物。要永久性地解决你的问题，唯一的办法就是深入你的内心，让似乎总是与现实格格不入的那一部分的你得到解脱。一旦你这么做了，你就可以扫清障碍，去处理剩下的问题了。

其实，真的有一种方法能让可以对任何事物产生不满的那一部分你得到解脱。这看似不可能，其实不然。事实上，一部分你是可以从你自己的夸张情节剧中抽离出来的。你可以观看自己的嫉妒或生气。你不必考虑或分析它，只需要觉知它。是谁在看着这一切？是谁注意到了你内心的变化？当你告诉一个朋友“每次和汤姆说话我都会感到很不安”时，你是怎么知道这件事会让你不安的？你知道它会让你感到不安是因为事情发生时你就在那里，你看到了在你的内心中发生了什么。在你和嫉妒或愤怒之间有一道屏障。你是那位注意到了这一切的在场者。一旦你占据了意识的这个位置，你就可以摆脱这些个人的烦恼。一开始，你要做的事情就是观察。你只需要觉知自己的内心正在发生些什么。这很容易做到。你会注意到，你正在观察一个人的性格，包括它的优点和缺点。这就好像有个人和你在你的内心里共处。事实上，你可以说，你有一个“室友”。

如果你想会会你的室友，那就试着远离所有人，静静地在自己的身体里待一会儿。你有这个权利，因为这是你的内心世界。但是你并不会获得宁静，相反，你会听到喋喋不休的唠叨声：

> “我为什么要这样做？我还有更重要的事情要做。这是在浪费时间。这里除了我没有其他人。这么做有什么意义？”

没错，这时你的室友已经大驾光临。你可能明确地想在内心保持安静，但你的室友不肯配合你。而且这样的情况不仅会发生在你试图安静下来的时候。关于你所看到的一切，它都有话要说：“我喜欢。我不喜欢。这个很好。那个很糟。”它只是一个劲儿地说个没完。你通常不会注意到它，因为你没有从中抽离出来。你离得太近了，以至于你无法认识到你实际上正处于一种听它说话的被催眠状态。

从根本上说，你并不是独自一人存在于你的内心。你的内心具有两个截然不同的层面：一个是你，是觉知，是见证者，是你主观意图的中心；另一个则是你所观察到的部分。问题在于，你所观察到的部分永远不会闭嘴。如果你能摆脱掉那一部分的你，哪怕只是片刻，你就相当于获得了一个前所未有的、最美好的、宁静安详的假期。

想象一下，如果你不必再贴身带着这个家伙到处走，那会是什么感觉。真正的心灵成长就是要走出这种困境。但首先你必须认识到，你一直和一个疯子锁在一起。在任何场合、任何情况下，你的室友都可能会突然做出决定："我不想待在这里。我不想这么做。我不想和这个人说话。"届时你会立刻感到紧张不安。你的室友可能会毫无预兆地毁掉你正在做的任何事情。它可能毁了你的婚礼，甚至是你的新婚之夜！那一部分的你可以毁掉任何事情，而且它通常都这么做了。

例如，你买了一辆崭新的车，它很漂亮。但每次你开它时，你的室友都会发现它的问题。你脑海中的声音不断地指出每一个轻微的嘎吱声、每一次微弱的振动，直到你最终无法再喜欢这辆车。一旦你看到这会对你的生活产生什么影响，你就已经为心灵的成长做好准备了。你会说："看看这个家伙，它正在摧毁我的生活。我试图过平静而有意义的生活，但却感觉自己正坐在火山口。这家伙随时都可能发神经，拒绝和任何人交流，跟所有事情过不去。今天它可能喜欢某个人，但明天它就会处处跟那个人作对。我的生活变得一团糟，就是因为这个和我住在一起的家伙非要把所有事情都变成一出闹剧。"当你终于说出这番话时，其实你已经准备好进行真正的自我改造了。一旦你看清了这一切，并且学会不再认同你的室友，你就已经准备好解放自己了。

如果你还没有获得这种认识，那就开始观察吧。花一天时间观察你室友做的每一件事。从早上开始，看看你能否注意到它在各种各样的情况下说的话。每当你遇到什么人，每当电话铃声响起，试着观察它。观察它说话的一个绝佳时机就是在你洗澡的时候。你会发现它绝不会让你安静地洗上一个澡。你洗澡是为了洗涤身体，而不是为了观察大脑不停地说话。你可以看看自己能否在整个过程中保持足够的清醒，以便觉知正在发生的事情。你所看到的一切会让你无比震惊。你的室友会不断地从一个主题跳到下一个主题。这种喋喋不休的谈话似乎很神经质，以至于你无法相信它一直都是这样做的。但事实就是如此。

如果你想摆脱它，你就必须观察这一切。你不必对此做任何事，但你必须了解自己所处的困境。你必须认识到，无论怎样，你的生活已经因为内心深处的室友而变得一团糟。如果你想获得内心的平静，你就必须改变这种状况。

要想了解你内心深处的室友究竟是怎样的，就要对它进行外在人格化。想象你的室友，即你的心理状态，拥有自己的身体。将那个在内心与你交谈的声音想象成一个正从外部世界与你交谈的人。想象一下，另一个人正在讲你脑海中的声音想讲的一切。现在，你将和这个人共度一天。

你刚刚坐下来观看你最喜欢的电视节目，而这个人就在你身边。现在你会听到他喋喋不休的独白，和你以前在心里听到的一样，只不过他正挨着你坐在沙发上自言自语：

> “楼下的灯关了吗？你最好去检查一下。现在不行，我待会儿再去。我想看完这个节目。不，现在就去。这就是为什么电费总是这么高。”

你满怀敬畏地静坐在那里，观看着这一切。几秒钟之后，你的沙发伴侣又发起了另一场争执：

> “嘿，我想吃点东西！我好想吃比萨。不，你现在不能吃比萨，开车过去太远了。但是我饿了，我什么时候能吃到东西？”

令你惊讶的是，这些神经质的冲突性对话不断地爆发，层出不穷。而且，好像这还不够，这个人不只是单纯地看电视，还会对屏幕上出现的任何事物做出口头反应。有一次，当电视上出现了一个红头发的人物时，你的沙发伴侣开始咕哝已和你离异的配偶以及你痛苦的离婚经历。

接着，大喊大叫就开始了，就好像你的前任配偶也在这个房间里一样！然后，他一下子安静下来，就像它开始发作时一样突然。此时，你会发现自己正绝望地蜷缩在沙发的一角，希望尽可能远离这个精神紊乱的家伙。

你敢做这个实验吗？不要试图使那个人停止说话。你只需要通过将那个声音外在化来了解你内心世界的情况：给它一个身体，把它放在这个世界中，就像其他人一样；让它变成一个人，在外部世界说出你脑海中的声音会说的每一句话；然后把这个人变成你最好的朋友，毕竟，有几个朋友会和你全天候形影不离，而且你会全神贯注于他们所说的每一句话呢？

如果外部世界中有一个人真的开始像你脑海中的声音那样和你说话，你会有什么感觉？如果有一个人能够张口说出你脑海中的声音所说的一切，你会怎么想？要不了多久，你就会让他离开，永远也不要回来。可当你内心的室友不断地说话时，你却从没有让它离开过。不管它造成了多大的麻烦，你都会听它说话。几乎不管它在说什么，你都会全神贯注地听。无论你正在做什么，无论你多么乐在其中，它都能强行让你停下来，突然间，你的注意力就转移到它要说的随便什么事情上了。想象一下，你正在和恋人认真地交往，而且即将结婚。当你开车去参加婚礼时，它突然开口说：

> “也许这个人并不是合适的人选。我对此感到很紧张。我该怎么办？”

如果是外部世界的某个人这样说，你会置之不理。但对于脑海中的这个声音，你会觉得你欠它一个回答。你必须让你紧张的大脑相信，这个人适合你，不然它就不会让你结婚。你对自己内心深处这个神经质的家伙就是尊重到了这种地步！因为你知道，如果你不听它的，那么在你余生中的每一天，它都不会放过你：

“我早就告诉过你不要结婚。我早就说过我不看好你们的婚姻！”

不可否认，如果让这个声音以某种方式具现为外部世界的某个个体，而且你必须与它形影不离，那么你将一天都坚持不下去。如果有人问你，你的新朋友是个什么样的人，你会说：“这是一个精神严重紊乱的人。只要在字典里查一下‘神经症’这个词，你就会明白了。”

在这种情况下，如果你曾和你这位朋友共度一天，那么你再向此人寻求建议的可能性有多大？在看到此人的想法有多么善变，在诸多问题上有多么无所适从，以及有多么容易做出情绪过度的反应之后，你还会向此人征求关于人际关系或是财务的建议吗？虽然这看起来很不可思议，但你确实总是在生活中的每一刻寻求此人的建议。当它回到你的内心，占据了原本属于它的位置之后，它依然是那个“人”，在告诉你该如何处理生活中方方面面的事情。你有没有检查过它的资格证书？有多少次那个声音所说的是完全错误的？

> “她不再在乎你了，所以她没打电话过来。她今晚就会提出和你分手。我能感觉到这事即将发生，我的预感不会错。就算她打电话过来，你也不应该接听。”

30分钟之后，电话铃响了，是你的女朋友打来的。她之所以迟到，是因为今天是你们相遇一周年的纪念日，她要准备一个惊喜晚餐。这对你来说绝对是个惊喜，因为你完全忘记了周年纪念日。她说她正在去接你的路上。这时你很兴奋，你脑海中的声音喋喋不休地说着她有多棒。但你是不是忘记了什么？你是不是忘记了之前它给你的那些恶劣的建议在过去的半个小时里让你备受煎熬？

如果你雇用的公关顾问给了你如此糟糕的建议，事情会怎么样？他完全误判了情况，如果你听从他的建议，你就不会接电话了。在看到他错得如此离谱之后，难道你不会当场解雇他吗？你怎么可能再相信他的建议？那么，你打算解雇你的室友吗？毕竟它对形势的分析和它提出的建议是完全错误的。但是事实上你从未让它为它所制造的麻烦负责。而且，下次它再提建议的时候，你依然会全神贯注地聆听。这合理吗？关于发生了什么事或是即将发生什么事，这个声音说错了多少次？也许你应该思考一下你最好向谁寻求建议。

当你真诚地尝试过这些自我观察和觉知的实践后，你就会发现你遇到了麻烦。你会认识到在你的整个人生中只存在一个问题，它几乎是你遇到的所有问题的始作俑者。现在你最想知道的事变成了：如何才能摆脱这个内在的麻烦制造者？你首先应该认识到，除非你真的想摆脱它，否则你是绝没有希望摆脱它的。其次，你必须观察你的室友足够长的时间，从而真正理解你所处的困境，不然你会缺乏解决心灵问题的实践基础。一旦你下定决心让自己摆脱脑海中的夸张情节剧，你就已经准备好接受教导，学习相关技巧，并真正地运用它们了。

你应该感到宽慰，因为你并不是第一个遇到这个问题的人。在你之前，已经有一些人发现自己正处于同样的境地。他们中的许多人向掌握了这一领域知识的人寻求过教诲。他们接受了瑜伽等活动的教诲，这些活动都是为了辅助心灵问题的解决而被创造出来的。瑜伽的宗旨其实并不是使你身体健康，尽管它也能起到这个效果。瑜伽是一种能帮助你摆脱困境的知识，一种可以让你获得自由的知识。一旦把这种自由变成你的人生意义，你就可以从一些精神实践中获益。这些实践需要你花时间进行，以使你摆脱自身的束缚。你最终会明白，你必须与自己的心理活动保持距离。要做到这一点，你就得在自己清醒的时候设定人生方向，不要让摇摆不定的思想阻碍你。你的意志力要比聆听那个声音的习惯更强大。没有什么是你做不到的。你的意志凌驾于这一切之上。

如果你想解放自己，首先，你必须足够清醒，能够理解自己的困境。其次，你必须致力于获得内在的自由。你必须很努力，就好像这是生死攸关的大事，而事实也确实如此。就目前而言，你的人生并不属于你自己，而属于你内心深处的室友，即你的心理状态。你必须把你的人生夺回来。为此，你需要坚定地待在见证者的位置上，努力摆脱习惯性思维对你的控制。

第 3 章

你是谁

瑜伽信仰的伟大导师拉玛纳·马哈希（Ramana Maharshi，1879—1950）曾经说过，一个人要获得内在的自由，就必须不断地、真诚地问："我是谁？"他说，这一点比阅读书籍、学习祷文或是前往圣地更为重要。你只需要问："我是谁？当我看的时候是谁在看？当我听的时候是谁在听？谁觉知我所觉知的事物？我是谁？"

让我们通过一个例子来探讨这个问题。假设你我正在谈话。通常，在西方文化中，如果有人问你"请问你是谁？"你不会因为他们问了这么深奥的问题而责备他们。你会说出你的名字，例如莎莉·史密斯。但是，我打算挑战这个回答，我会拿出一张纸，写下这个名字的英文拼法：S-a-l-l-y S-m-i-t-h，然后展示给你看。难道这就是你吗？一堆字母的组合？当你观看世界的时候，就是它们在看吗？显然不是，于是你会说：

> “好吧，你说得对，对不起。我不是莎莉·史密斯，那只是人们用来称呼我的名字。它只是个标签。其实，我是弗兰克·史密斯的妻子。”

然而这个说法也不太合适。你只是弗兰克·史密斯的妻子吗？难道在你遇见弗兰克之前，你是不存在的吗？如果他死了或者你再婚了，你也将不复存在吗？可见，你的身份不是弗兰克·史密斯的妻子，这只不过是另一个标签罢了，是你所处的另一种状况的结果。那么，你到底是谁？这次你回答说：

> “好吧，现在我来认真回答你。我的标签是莎莉·史密斯。我于1965年出生在纽约。5岁前，我一直和我的父母哈里·琼斯和玛丽·琼斯住在皇后区。然后我们搬到了新泽西州，我在纽瓦克小学上学。我在学校里是全优生。五年级时，我在《绿野仙踪》的舞台剧中扮演了多萝西。九年级时，我开始约会，我的第一个男朋友叫乔。后来我进入了罗格斯大学，在那里遇到了弗兰克·史密斯，并与他结了婚。这就是我。”

等等，这的确是一段有趣的故事，但我并没有问你，自从你出生以来都发生了什么事。我问的是：“你是谁？”你刚刚描述了一些经历，但是经历了这些事情的人是谁？即使你上的是一所不同的大学，你不依然是你，依然能觉知自己的存在吗？

于是你开始仔细思考这个问题，并且认识到此生你还从未认真问过自己这个问题。我是谁？这正是拉玛纳·马哈希的问题。于是你更加认真地琢磨这个问题，然后你说：

> "好吧，我就是占据了这个空间的这个身体。我身高 5 英尺 6 英寸[一]，体重 135 磅[二]，这就是我。"

可当你五年级扮演多萝西的时候，你的身高并不是 5 英尺 6 英寸，而是 4 英尺 6 英寸。那么，在 4 英尺 6 英寸的那个人和 5 英尺 6 英寸的那个人中，哪一个才是你？扮演多萝西的那个人难道不是你吗？当然是。你难道不是既有扮演多萝西的经历，又有此刻试着回答我问题的经历吗？这两个人难道不是同一个你吗？

也许在探讨核心问题之前，我们需要退后一步，先提一些探索性的问题。当你 10 岁的时候，你会在镜子里看到一个 10 岁孩子的身体。这个你与你现在会看到的成人身体难道不是同一个你吗？你所看到的东西已经改变了，但是你呢？那个照镜子的人呢？你的存在是否具有连续性？这么多年来照镜子的难道不是同一个存在吗？你必须仔细考虑这些问题。接下来还有一个问题：当你每晚睡觉的时候，你会做梦吗？是谁在做梦？

[一] 1 英尺≈ 0.305 米，1 英寸≈ 0.025 米。
[二] 1 磅≈ 0.454 千克。

做梦意味着什么？你会回答："做梦就像我的脑海中在播放电影，而我正在观看。"是谁在看？"是我！"那么，这个你也是那个照镜子的你吗？正在读这本书的你也是那个照镜子以及观看梦境的你吗？当你醒来时，你知道你曾观看你的梦境。这显示了存在者的有意识觉知的连续性。拉玛纳·马哈希只问了几个非常简单的问题：你看的时候是谁在看？你听的时候是谁在听？是谁在观看你的梦境？是谁在看镜子里的映象？是谁拥有着这些体验？如果你想给出诚实的、直觉性的答案，你就会说："我，是我。是我在这里经历着这一切。"这几乎是你能给出的最好的回答。

事实上，你不难意识到你并不是你所观看的客体。这是一个关于主客体的经典案例。是你，即主体，正在观看客体。所以我们不必依次审视宇宙中的每一个客体，以确认那个客体并不是你。我们可以轻易地归纳出这样一个观点：如果你是正在观看某个事物的主体，那么这个事物就不是你。所以你可以立刻知道你不是外部世界。你是正从内心深处向外观看着世界的人。

这个问题轻松解决后，至少我们已经排除了不计其数的外部事物。但是，如果你不是所有外部事物中的一员，那么你是谁？你又在哪里呢？实际上，你只需要保持关注，并且认识到即使所有外部客体都消失了，你仍然会在内心深处体验到各种感觉。想象一下你会有多害怕。你还可能会感到沮丧，甚至愤怒。但是感觉到这些情绪的是谁？你会再次回答："我！"这就是正确的答案。是同一个"我"在同时体验外部世界和内部情感。

要想清楚地审视这一点，不妨想象一下你正在看一只狗在户外玩耍。突然，你听到身后有声音——一种嘶嘶声，很像是响尾蛇！现在你还会像刚才那样聚精会神地看着那只狗吗？当然不会。你的内心会感到极度恐惧。尽管这只狗仍在你面前玩耍，但你会完全沉浸在恐惧的体验中。你的所有注意力很快就会被你的情绪吞没。但是感到恐惧的是谁呢？和之前看着狗的你不正是同一个人吗？当你感受到爱时，是谁在感受爱？难道你不会因为感受到太多的爱，以至于很难睁开双眼察看外部事物吗？你可能会过分沉浸在内心的美好感受或恐惧情绪中，以至于很难专注于外部事物。从本质上说，内部和外部的客体都在争夺你的注意力，你既有内在体验又有外部体验——然而你是谁？

为了更深入地探讨这一点，请回答另一个问题：你是否有过这样的时候，即没有情绪化的体验，只是感到内心很平静？你仍然待在内心深处，但这时你只能觉知平和与安静。你开始认识到外部世界和内部的情感涌动一直如浮云来了又去。但是你，这个正在体验这一切事物的人，始终能清醒地觉知在你眼前掠过的一切。

但是你在哪里呢？也许我们可以在你的思想中找到你。伟大的哲学家勒内·笛卡尔（René Descartes）曾经说过："我思故我在。"但事情真的是这样吗？字典中将动词"思考"（to think）定义为"形成思想，使用大脑来考虑各种理念并做出判断"（Microsoft Encarta，2007）。问题是，是谁在使用大脑来形成思想，然后将它们构建成理念和判断？即使思想不存在，这位思想的体验者也依然存在吗？幸运的是，你没必要思考这个问题。即使没有思想的帮助，你也能很清楚地觉知自己的存在，拥有着存在感。例如，当你进入深度冥想时，思想就停止了，而且你知道它们已经停下来了。你没有"思考"这件事，你只是觉知到自己"没有想法"。当你从冥想中回来时，你会说："哇，我进入了深度冥想中，我的思想第一次完全停止了。我进入了一个完全和平、和谐和安静的境界。"既然当你的思想停止时，你体验到了和平，那么很显然，你的存在并不依赖思考这一行为。

思想可以停止，也可以变得非常嘈杂。有时候你会比其他时候拥有更多的想法。你甚至可能对别人说："我的脑子快把我逼疯了。自从它对我说了那些话以后，我甚至都睡不着觉。我的脑子就是不肯闭嘴。"对你喋喋不休的是谁的脑子？又是谁在关注这些想法？难道不是你吗？难道你没听到你内心的想法吗？难道你没觉知到它们的存在吗？事实上，难道你不能摆脱它们吗？如果你开始产生一个你不喜欢的念头，你就不能试着让它消失吗？人们总是在与各种想法做斗争。但是，觉知这些想法的是谁？与它们做斗争的又是谁？你与你的思想之间其实也具有一种主客体关系。你是主体，而思想只是你能觉知的又一个客体罢了。你并不是你的思想本身，你只是觉知了你的思想而已。最后你说：

> “好吧，我不是外部世界里的任何事物，也不是各种情感。这些外部和内部的事物来了又去，而我只是在体验它们。另外，我也不是思想本身。思想可以是安静的，也可以是嘈杂的；可以是快乐的，也可以是悲伤的。思想只是我所觉知的另一种事物。但是，我是谁？”

这个问题开始变得严肃起来：“我是谁？拥有这些生理、情感和心理体验的是谁？”你得把这个问题想得更深入一点。要做到这一点，就要抛开所有体验，注意观察剩下的是什么。你将开始注意到是谁正在经历这些体验。最终，你会达到自身内在的某个状态，在那个状态下你会认识到，作为体验者的你具有一种特定的品质。这种品质就是觉知、意识，以及某种直觉性的存在感。你知道你就在自身的深处。你不必思考这一点，因为你天生就知道。如果你愿意的话，你也可以思考一下，但是你将知觉到你正在思考它。不管思想是否存在，你都是存在的。

为了让这一观点更具体验性，让我们尝试做一个意识实验。你只需瞥一眼房间或窗外，就能立刻看到眼前所有事物的全部细节。你不费吹灰之力就能觉知你视野范围内的所有事物，无论远近。你不需要转动你的头或眼睛，就能立刻察觉你所看到的一切错综复杂的细节。看看所有的颜色，光线的变化，木质家具的纹理，建筑物的结构体系，以及树木上树皮和树叶的变化。请注意，你是不假思索地一下子接收了所有内容的。这个过程不需要思想；你只是看到了这一切。现在试着用思想来隔离、标记和描述你所看到的所有错综复杂的细节。你脑海中的声音需要花多长时间来向你描述这些细节？它们与意识一瞥之下的瞬间印象相比如何？当你只是观看而不创造思想时，你的意识能毫不费力地察觉并完全理解它所看到的一切。

意识是你能说出的最高词汇。没有什么比意识更高、更根本。意识是纯粹的觉知。但是什么是觉知？让我们试着做另一个意识实验。假设你正在一个房间里看着一群人和一架钢琴，现在，想象钢琴不再存在于这个房间。你会对此有什么不满吗？你说：“不，我想不会。我并不喜欢钢琴。”那么假设房间里的人都不存在了，此时，你是否依然没有意见？你能应对这一状况吗？你说：“当然，我喜欢独处。”现在，假设你的觉知不存在了，你现在觉得如何？

如果你的觉知不复存在会怎么样？很简单——你将消失。你不会再有“我”的感觉，也不会再有人在你的内心深处说：“哇，我以前住在这里，但现在不在了。”你将失去对存在的觉知。如果没有存在的觉知或者意识，那就什么也没有了。世界上还有客体存在吗？谁知道呢？如果没有人觉知这些客体，那么它们存在或不存在都会变得完全没有意义。不管你面前有多少东西都不再重要，因为只要你关闭意识，那就什么都没有了。然而，如果你有意识的话，就算你面前什么都没有，你却能觉知“什么都没有”。这其实并没有那么复杂，而且很有启发性。

因此，如果我现在问你：“你是谁？”你会回答：

> “我是那个正在观看世界的人。我能从这后面的某个地方向外看，并觉知从我面前掠过的事件、想法和情绪。”

如果你足够深入，你就会找到你所在的地方。你就处在意识的位置上。在那里，居住着一个真正的灵性的存在，无所用功，亦无所图。正如当你毫不费力地向外看就能看到你所看到的一切那样，最终你会后退到内心足够深的地方，观看你的所有思想和情感，以及外在形式。所有客体都将呈现在你面前。思想比较接近意识，情感稍远一点，而外部形式则更加远离。在这一切的背后，就是你。你是如此深入，以至于你将认识到你一直都在那里。在你生命的每一个阶段，你都会看到不同的思想、情感和事物从你面前经过。但你一直都是这一切清醒的接受者。

现在你正处在意识的中心。你在每个事物后面单纯地观看着。那里是你真正的家。就算把其他所有东西都拿走，你仍然在那里，并觉知着其他东西的消失。但是如果把觉知的中心拿走，就什么也没有了。那个中心就是“自我”的所在。从那个位置，你觉知到思想、情感的存在，还有一个外部世界正通过你的感官进入你的内心。而现在你能觉知自己正在觉知。这就是佛教中的“自性”(Self)[1]，印度教中的“阿特曼”(Atman)[2]，以及犹太－基督教中的“灵魂”(Soul)描述的状态。当你占据了内心深处的这个位置，探索心灵的伟大旅程就开始了。

㊀ 如大乘佛教经典《大般涅槃经》中佛陀所述（Kosho Yamamoto译，1973）。

㊁ 阿特曼：印度教用语，指每个个体最内在的本质（Merriam-Webster，2003）。

第 4 章

清醒的自我

有一种梦叫作“清醒梦”，在这种梦中，你知道自己在做梦。如果你在梦中飞翔，你会知道你是在梦中飞翔。你会想：“我梦见我在飞。我要飞到那边去。”事实上，这时你足够清醒，知道自己正在做梦。这与平常的梦非常不同，后者发生时你完全沉浸在梦中。这种区别与你在日常生活中能觉知自己有觉知和不能觉知自己有觉知的区别完全一样。当你有觉知时，你就不会完全沉浸在周围的事件中。相反，你将始终能觉知到，你是一个正在经历这些事件以及与之相应的想法和情感的人。当一个想法在这种觉知状态下被创造出来时，你就不会迷失于其中，你将始终能够觉知你是在思考这个想法的人。你是清醒的。

这引出了一些非常有趣的问题。如果你是驻守在内心深处的那个正在经历这一切的体验者，那么为什么会存在这些不同层次的感知呢？当你处在“自我”的觉知中时，你是清醒的；可当你未能足够深入“自我”的内部，未能成为你所经历的一切的有意识的体验者时，你又在哪里呢？

人的意识有能力进行所谓的“聚焦”，这种能力是意识本质的组成部分。意识的本质是觉知，觉知有能力对一个事物进行更为清晰的觉知，而对另一个事物则次之。换句话说，它有能力将自己集中在某些对象上。老师说：“专心听我讲课。”这意味着他希望你把你的意识集中在一个地方，也就是他讲授的内容。老师认为你知道该怎么做。那么谁曾教你该怎么做？中学有哪门课曾教你如何将意识转移到某个地方，以便专注于某件事物？没人教你怎么做。这种能力是直觉的、天生的。你从一开始就知道该怎么做。

我们知道意识是存在的，只是我们通常不谈论它。你可能上过小学、中学和大学，但却从没有人和你讨论过意识的本质。幸运的是，意识的本质在瑜伽等深奥的理念中得到了非常严密的探讨。事实上，古老的瑜伽理念本质上就是围绕意识展开的。

了解意识的最好方法是借助你自己的直接经验。例如，你非常清楚，你的意识可以觉知范畴很广泛的客体，但也可以非常专注于某个客体，以至于觉知不到其他任何事物。这就是当你陷入沉思时会发生的事情。比如，你本来在好好地读书，然后你突然不读了，开始想别的事情。这种情况时有发生。外部客体或各种想法随时可以吸引你的注意。但是觉知本身并没有变，不管它是在关注外部事物还是在关注你的想法。

关键在于，人的意识有能力让自己聚焦于不同的事物。主体，即人的意识，有能力选择性地把觉知集中在特定的客体上。如果你后退一步，就会清楚地看到客体在思想、情感和生理三个层面上不断地从你面前掠过。当你的意识没有居中时，它必定会被这些客体中的一个或多个吸引，并聚焦于它们。一旦达到足够的聚焦程度，你的觉知就会迷失在客体中：它不再觉知它对客体的觉知，而是只对这个客体有意识。你有没有注意到，当你全神贯注地看电视时，你不会觉知自己正坐在哪里或是屋子里在发生其他什么事。

看电视的类比很适用于检验我们意识的中心是如何从对自我的觉知转变为迷失在我们所关注的客体中的。只不过，真正的你不是坐在客厅里专心地看电视，而是坐在意识的中心，全神贯注于那个呈现着大脑、情感和外部世界的屏幕。当你专注于身体感受时，它会吸引你。然后你的情感和思想反应会进一步吸引你。到了这个时候，你就不再位于居中的“自我”；你被你正在观看的内心演出吸引过去了。

让我们探讨一下你的内心演出。你有一个始终围绕着你的基本思维模式。这种思维模式基本上一直保持不变。对你来说，你习以为常的思维模式就和你家里的生活空间一样，令你感到熟悉而舒适。你的情感也形成了某种常态：一定程度的恐惧，一定程度的爱，外加一定程度的不安全感。你知道，如果某些事情发生，这些情感中的一种或多种就会爆发并支配你的觉知。然后，慢慢地，它们终将恢复常态。你很清楚这一点，所以你的内心一直很忙碌，以确保不会发生任何事情，从而导致这种紊乱。事实上，你是如此专注于控制你的思想、情感和生理体验，以至于你甚至察觉不到你自己也在里面。这就是大多数人的典型状态。

当你处于这种迷失的状态时，你会完全沉浸在思想、情感和感官的客体世界中，以至于忘记了主体。你原本正坐在意识的中心，观看你的个人电视秀。但是有那么多有趣的事物分散了你意识的注意力，你情不自禁地被它们吸引。这种吸引是无法抗拒的，因为它是三维的，充斥在你的周围。你所有的感官都在吸引你——视觉、听觉、味觉、嗅觉和触觉，外加你的情感和思想。但你其实始终只是静静地坐在内心深处向外观看所有客体。就像太阳不会离开它在天空中的位置，只是用它的光照亮物体一样，意识也不会离开它的中心位置，只是把觉知投射到有形的、思想的和情感的客体上。如果你想回到意识的中心位置，你只需要在心里说几遍“你好”，并注意到你已经觉知到了这个想法。别去想你觉知到了它，因为那只是又一个想法罢了。你只需要放松，并觉知到你可以听到“你好”在你的脑海中回响。那里就是你居中的意识所在之处。

现在让我们的思考从小屏幕转向大屏幕，让我们用电影的例子来研究意识。看电影时，你会让自己被它吸引。这是电影观看体验的一部分。在看电影时，你会使用两种感官：视觉和听觉。这些感官的同步是非常重要的。如果它们不同步的话，你就无法沉浸在电影的世界中。想象一下，如果你在看一部以詹姆斯·邦德为主角的电影，而声音与场景不同步，你是不会被吸引到电影的奇妙世界中去的。相反，你会一直清楚地觉知自己正坐在剧院里，而电影出了问题。但是，因为电影的声音和场景通常是完美同步的，所以电影会吸引你的所有觉知，你会忘记自己正坐在剧院里，忘记自己的个人想法和情感，你的意识会被拉进电影中。在一座寒冷、黑暗的电影院里，坐在一群陌生人之中，是种什么样的体验？全神贯注于电影，以至于完全不能觉知周围的环境，这又是什么样的体验？仔细考虑这两者之间的差异，你会感到相当震惊。事实上，在观看一部引人入胜的电影时，你可以在没有任何自我觉知的情况下连续度过两个小时。因此，要让你的意识被电影所吸引，视觉和听觉的同步是非常重要的。而这才仅涉及你的两种感官而已。

当你的观影体验包括嗅觉和味觉时会怎么样？想象你正在体验一部电影，当影片中有人在吃东西时，你能尝到他们尝到的味道，闻到他们闻到的味道。你一定会被这部电影吸引住的。感官输入增加了一倍，因此你的意识注意到的客体数量也增加了一倍。这时，你已经获得了来自听觉、视觉、味觉、嗅觉的体验，而我们还没有提到那个重要的感官——触觉。你会去能够获得触觉体验的电影院吗？一旦电影把五种感官都结合在一起了，你就只能彻底投降了。如果它们都是同步的，你就将完全沉浸在体验中。但话说回来，这也不一定。想象一下，你正坐在电影院里，即使面对着这种压倒性的感官体验，你仍然对电影感到厌倦。它不能吸引你的注意力，于是你的想法开始游移不定。你开始考虑回家后要做什么。你开始思考过去遇到的某件事情。过了一阵子，你会完全沉浸在自己的思绪中，几乎已无法觉知自己正在看电影。尽管你的五种感官仍在向你发送关于这部电影的所有信息，但这种情况还是发生了。这是因为你的思想活动可以独立于电影进行。它们提供了另一个可供意识集中的场所。

现在想象一下，电影不仅能吸引人的五种感官，还能让你的思想和情感与屏幕上发生的事情保持同步。在观看电影时，你在听、看、品尝，然后突然间你开始感受到角色的情感，并且像角色那样思考。角色说："我很紧张。我应该向她求婚吗？"这时，你的内心突然也充满了不安全感。现在我们获得了所有维度的体验：五种感官输入，再加上思想和情感。观看这样一部电影将终结你所知道的自己。所有的意识对象都将与体验同步。你的觉知所能抵达的任何地方都将是电影的一部分。一旦被电影控制了思想，一切就都结束了。不会有另一个你在脑海中说："我不喜欢这部电影。我想离开。"说出这样的话需要存在一个独立的思想，但现在你的思想已经被电影控制了，你已经完全迷失了。

这听起来很可怕，但这就是你会在生活中遇到的困境。因为你所觉知的所有客体都是同步的，所以你会被吸引，不再觉知你与客体相互分离的状态。你的思想和情感将根据视觉和听觉体验而产生变化，会有大量信息涌进来，而你的意识会完全沉浸于其中。除非你牢牢占据见证者意识的位置，否则你就无法回到那里，无法觉知你是正在观看这一切的人。所谓"迷失"，就是指这种情况。

迷失的灵魂，就是坠入了这样一个世界中的意识：在这里，一个人的思想、情感与其视觉、听觉、味觉、触觉和嗅觉方面的感知都是同步的。而这些信息都会聚集到同一点。由于意识能够觉知任何事物，它犯下了一个错误，即把注意力过于集中在这一点上了。当意识被吸引进去，它就不再知道自己的本质了。它会认为自己是它正在体验的对象。换句话说，你会把自己视为这些客体。你会认为你是你所获得的体验的总和。

当你观看刚才所说的这种高科技电影时，你就会这么认为。在这样一部电影中，你会选择你想要成为的角色。假设你决定："我要当詹姆斯·邦德。"一旦你按下按钮，你就无法回头了。所以这个按钮最好被安装在定时器上！你目前所了解的自己已经不在意识的位置上了。由于你现在的所有想法都是詹姆斯·邦德的想法，你既有的自我概念已经完全不复存在了。毕竟你的自我概念只是关于你自己的想法的一个集合。同样，你的情感是邦德的情感，你是在从他的感官角度观看电影。你的存在中唯一不变的层面是仍能觉知到这些客体的意识。是同一个觉知中心在觉知你原先的所有思想、情感和感官输入。当电影播放停止，邦德的思想和情感会立刻被你原先的所有思想和情感所取代。你又回想起你是一个 40 岁的女人。所有的想法都是匹配的，所有的情感都是匹配的。一切看起来、闻起来、尝起来、摸起来都像以前一样。但这些并不能改变一个事实，那就是这一切都只是意识正在体验的事物而已。这一切都只是意识的客体，而你就是意识。

意识清醒而居中的人与意识没有这么强大的人的区别仅仅在于他们觉知的聚焦力。这一区别并不在于意识本身。所有的意识都是一样的。而正如所有来自太阳的光都一样，所有的觉知也都是一样的。意识既非纯洁也非不纯洁，它没有品质。它只是在那里觉知着它的觉知。只不过，当你的意识没有居于内心世界中央时，它就会完全集中在意识的客体上；然而，当你的意识居中时，它就总是能觉知到它是有意识的。你对存在的觉知独立于你碰巧觉知到的内部和外部的客体。

如果你真想理解这种差异，你就必须从认识到意识可以集中于任何事物之上开始。既然如此，如果意识集中于自身会怎么样？那时，你将不是觉知到自己的想法，而是觉知到自己正在觉知自己的想法。你的意识之光将回归其自身。你常常思考一些事情，但这一次你是在思考意识的源头。这是真正的冥想。真正的冥想超越了简单集中于某一点的专注。要进行最深层次的冥想，你不仅必须有能力将你的意识完全集中在一个客体上，你还必须有能力使觉知本身成为那个客体。在最深层次的冥想中，意识的焦点会回归“自我”。

当你沉思自我的本性时，你就进入了冥想。所以冥想是觉知的最高境界，它意味着回归存在的本源，即对觉知状态的单纯觉知。一旦你意识到意识本身，你就会达到一种完全不同的状态。当你觉知到你是谁，你就已经成为一个觉醒的存在了。这个过程其实是世界上最自然的事情。这就像你一直坐在沙发上看电视，你完全沉浸在节目中，以至于忘记了自己身在何处。这时有人摇了摇你，于是你又恢复觉知，想起了你正坐在沙发上看电视。并没有发生其他事情。你只是停止把你的自我感觉投射到那个特定的意识客体上了而已。你清醒了。这就是自我的本质。这就是你。

当你回归到意识中，这个世界就不再是个问题了。它只是你正在观看的事物。它一直在变化，但是你不会认为这是一个问题。你越是愿意让这个世界成为你觉知的对象，它就越能让你成为真正的你——觉知，自性，阿特曼，灵魂。

你认识到你并不是你想的那样。你甚至不是一个人类。你只是碰巧在观看一个人类。你将开始在你的意识中心获得深刻的体验。这些将是对自我真正本质的深刻而直觉性的体验。你会发现自己非常浩瀚。当你开始探索意识而不是形式时，你会认识到你的意识之所以显得渺小而有限，只是因为你在专注于渺小而有限的客体。当你只关注电视节目时，就会发生这样的事情——此时在你的世界里没有其他事物。但是，如果你退回意识的中心，你就可以看到整个房间，包括电视。同样，后退可以帮你看到一切，而不是仅仅把注意力完全集中在个人的思想、情感和感官体验上。你可以从有限进入无限。这难道不是基督、佛陀，以及所有时代、所有宗教的伟大圣徒和智者一直试图告诉我们的吗？

他们中的一位伟大圣徒拉玛纳·玛哈希曾经问："我是谁？"现在我们知道这是一个非常深刻的问题。你要不停地问这个问题。然后，你会发现你就是答案。这个问题没有智识性的答案——你就是答案。去成为这个答案，那么一切都会有所改变。

第二部分

体验能量

第 5 章

无限能量

意识是生命中最大的奥秘之一，内在能量则是另一个。但非常遗憾的是，西方世界很少关注内在能量的规律。人们研究外部能量，认为能源具有巨大的价值，但却忽视了内在能量。人们在生活中思考、感觉和行动，但却不了解是什么使这些活动发生。事实是，你身体的每一个动作，你产生的每一种情感，以及在你脑海中出现的每一个想法，都会消耗能量。正如在外部的物理世界中发生的一切都需要消耗能量一样，发生在内心深处的一切也都需要消耗能量。

例如，如果你专注于一个想法，而另一个想法却前来进行干扰，那么你将被迫施加一种反抗性力量来对抗干扰性想法。这么做需要能量，可能会让你精疲力竭。同样地，如果你有一个想法，你试图将它保留在脑海中，但它却不断地试图飘走，这时你就必须靠意志力保持专注，以便将它拉回来。当你这样做的时候，你实际上是在向思想输送更多的能量，以便将它保留在一个特定的地方。在处理你的情感时，你也需要施加能量。如果你产生了一种你不喜欢的情绪，它干扰了你正在做的事情，你就会把它推到一边。你几乎会本能地这么做，以免你不喜欢的情绪涌上来干扰你。这一行为也需要消耗能量。

创造想法、保持想法、回忆想法、产生情感、控制情感，以及控制强大的内在本能需求，都需要消耗巨大的能量。那么这些能量是从哪里来的？为什么有时候你能感受到这些能量的存在，有时候你却觉得它们被耗尽了？你有没有注意到，当你在精神和情感上都枯竭了时，食物对你并没有多大帮助？相反，当你审视人生中的恋爱时光，或因某些事物而感到兴奋和备受激励时，你会充满能量，以至于根本不想吃东西。这里讨论的能量不是你的身体通过燃烧食物的卡路里而获得的能量。有一种能量来源在你的内部，它迥异于外部能量来源。

检视这种能量来源的最好方法是研究一个案例。假设你现在 20 多岁，你的女朋友和你分手了。你非常沮丧，开始一个人待在家里。很快，因为你没有足够的精力做大扫除，所以地板上到处都是杂物。你几乎不能下床，所以你一直都在睡觉。不过你还会吃东西，因为比萨包装盒被扔得到处都是。但似乎什么东西都不管用。你就是没有力气。朋友们邀请你出去玩，但你拒绝了。你太累了，什么都做不了。

大多数人在一生中都会经历这样的时刻。这种时候，你会觉得你没救了，看样子你将永远不能自拔。然后，突然有一天，电话铃响了，是你女朋友打来的。没错，就是3个月前甩了你的那位。她哭哭啼啼地说："哦，天哪！你还记得我吗？我希望你还愿意跟我谈谈。我感觉糟透了。离开你是我这辈子犯过的最大的错误。现在我知道你对我有多重要了，没有你我活不下去。我这辈子只在我俩在一起的时候感受到过真爱。你愿意原谅我吗？你能原谅我吗？我能过来看看你吗？"

现在你感觉如何？你要花多长时间积聚足够的精力，从床上跳起来、打扫房间、洗澡、让脸上恢复一点血色？实际上，这一切几乎是在瞬间发生的。你一挂上电话就精神百倍了。那么这又是如何发生的？你本来已经彻底没力气了，几个月来，你一直无精打采。然而现在不知为何，在几秒钟之内，你突然拥有了使不完的精力，这精力几乎要把你给撑爆了。

你不能简单地忽视自身能量水平的巨大变化。这些能量到底是从哪里来的？你的饮食和睡眠习惯并没有突然发生改变，但是当你的女朋友来了以后，你们却整晚都在聊天，大清早还去看了日出。你一点儿也不觉得累。你们又在一起了，手牵着手，一阵阵喜悦之情不断向你袭来。人们看到你时，都说你光彩照人。这些能量都是从哪里来的？

如果你仔细观察，就会发现自己的体内蕴藏着大量能量。这些能量并非来自食物，也不是来自睡眠。它一直都在那里，任何时候你都可以利用它。它会从你的体内涌现，并且充满你。而一旦你被它充满，你就会觉得自己可以直面这个世界。当这种能量汹涌流动时，你能感觉到它化作一阵阵波浪袭遍你全身。它从你的内心深处自发地涌出来，并不断地恢复、再生，振奋你的精神。

你无法时刻感觉到这种能量的唯一原因就是你封闭了它。你关闭自己的心灵，关闭自己的思想，把自己拖进了一个限制性的内心空间，从而封闭了自己。这也切断了你与所有能量的联系。当你关闭你的心灵或思想时，你只能躲藏在自己内心的黑暗中。那里没有光，没有能量，没有任何事物在流动。能量依然存在，但它无法进入。

这就是能量被“阻塞”的含义。这就是为什么当你沮丧时，你感到自己没有任何能量。你的体内有许多为能量流动提供渠道的能量中心。一旦你关闭它们，能量就不复存在；而当你打开它们时，能量就在那里。虽然你的体内存在着多个能量中心，但是你能凭借直觉轻易打开和关闭的就是你的心灵。假设你在你爱的人们面前感到很放得开，由于你信任他们，和他们相处时，你的心灵壁垒会倒塌，让你感到精力十分充沛。但是如果他们做了你不喜欢的事情，那么下次你再看到他们的时候，就不会感到那么兴奋了，你将不再能感觉到那么多的爱。相反，你会感到胸口绷得很紧。之所以如此，是因为你关闭了你的心灵。心灵是一个能量中心，它能被打开或关闭。瑜伽修行者将能量中心称为“脉轮”（Chakras）。当你关闭能量中心时，能量就无法流入。当能量无法流入时，你就会陷入黑暗。根据你的封闭程度，你要么会感觉到巨大的困扰，要么会感到极度无精打采。人们经常在这两种状态之间摇摆不定。如果你发现你爱的人其实并没有做错什么，或者他们向你道歉，使你感到满意，那么你的心灵就会再次打开。随后，你将变得充满活力，爱则再次流动起来。

在你的一生中发生过多少次这样的变化？你的内心有一股美好能量之流。当你敞开自己时，你会感觉到它；当你封闭自己时，你则感觉不到。这股能量流源自你的生命深处。它有许多名称：在古老的中医中，它被称为“气”；在瑜伽中，它被称为“沙克蒂”（Shakti）；在西方，它被称为“精神”（Spirit）。你愿意怎么叫它都可以。所有伟大的精神信仰都会讨论人的精神能量，它们只是给这种能量起了不同的名字。当爱闯进你的心中时，你所体验到的就是这种精神能量。当你被某个事物迷住，内心变得激昂振奋时，你所体验到的也是它。

你应该了解这种能量，因为它属于你。它是你与生俱来的权利，而且它是无限的。只要你愿意，你可以随时调用它。它与年龄无关。有些 80 岁的老人也拥有孩子般的精力和热情，他们可以一周七天长时间地工作。这就是能量。能量不会衰老，不会疲倦，也不需要食物。它需要的是开放和接受的心态。每个人都平等地拥有这种能量。太阳不会用不同的方式照耀不同的人：如果你是好人，它会照耀你；如果你做了坏事，它也会照耀你。内在的能量也是如此。二者的唯一区别是，你有能力关闭内心并封住内在能量。当你关闭自己时，能量就会停止流动；当你开放自己时，所有能量就都会在你的内心涌起。真正的精神教诲都是关于这种能量以及如何向它开放自己的。

你唯一需要知道的是，开放自己能让能量进入，关闭自己则会将它拒之门外。现在你必须想清楚自己是否需要这种能量。你希望自己的精力有多充沛？你希望感受到多少爱？你希望对自己所做的事情有多大的热情？如果享受充实的人生意味着始终能体验到充沛的精力、满满的爱意和无边的热情，那么就永远不要关闭自己。

要保持开放，有一个非常简单的方法：只要永不关闭就能保持开放。这真的很简单。你要做的就是决定你是否愿意保持开放，或者确认是否关闭自己更为值得。其实你可以训练自己忘记如何关闭自己。关闭自己是一种习惯，就像其他任何习惯一样，它是可以被打破的。例如，你可能对他人怀有潜在的恐惧，当你接触到他人时，往往会关闭自己。事实上，只要有人向你走过来，你就可能产生一种紧张得想缩起来的感觉。你可以训练自己去做相反的事。每当你看到他人，你可以训练自己敞开自己。当然，这样做与否纯粹取决于你是想关闭自己还是想打开自己。这说到底是由你自己控制的。

问题在于，我们没有行使这一控制权。一般情况下，我们的开放状态是由心理因素决定的，我们是根据过去的经验来决定开放或关闭的。过去的印象仍然留在我们的内心，它们会被不同的事件激发。如果那些印象是负面的，我们会倾向于关闭；如果那些印象是正面的，我们则会倾向于开放。比如，你闻到某种香味，它让你回想起小时候有人在做饭时的场景。你会对这种香味做出什么反应取决于过去的经历给你留下的印象。你喜欢和家人共进晚餐吗？饭菜好吃吗？如果答案是肯定的，那么这种香味就会温暖你，打开你的心扉。如果和家人一起吃饭并不是那么令你愉快，或者你被迫吃了你不爱吃的食物，那么你就会感到紧张并关闭自己。你就是这么敏感，一种气味就可以让你开放或关闭自己，看到某种颜色的汽车或某人穿的鞋的类型也有这样的能力。过去的印象预设了我们当下的反应，因此，任何事物都有可能导致我们开放或关闭自己。如果你注意观察，就会发现这样的事情每一天都在发生。

但是，你永远都不该让偶然性来决定能量流这么重要的事情。如果你喜欢能量——事实上你也的确喜欢，那就永远不要关闭自己。你越是学会保持开放，就会有越多的能量流入你体内。你可以通过不关闭自己来练习开放自己。任何时候当你开始关闭自己，就问问自己是否真的想切断能量流。因为只要你愿意，你就可以学会保持开放，不管这个世界上发生了什么。你只需要承诺去探索自己接受无限能量的能力，并下定决心不关闭自己。起初，你会感觉很别扭，因为你内在的倾向就是关闭自己，将其视为一种保护手段。但是关闭你的心灵并不能真正防止你受到任何伤害，它只会切断你的能量来源。最终，你会被锁在自己的内心世界里。

你将会发现，你人生中唯一真正想要的是感受热情、喜悦和爱。如果你一直都能感受到这些，那么还用在乎外界发生了什么吗？如果你总是感到精神振奋，如果你总能为当下的体验兴奋不已，那么体验本身是什么就不重要了。无论你面临什么体验，当你的内心拥有美好的感觉时，这种体验就是美好的。所以无论发生了什么，你都要学会保持开放。这样一来，你就能免费得到别人需要拼命追求的东西：爱、热情、兴奋和活力。你需要认识到，定义能使你保持开放的条件，最终会限制住你。一旦你列出为了让你开放自己，世界必须变成什么样的清单，你就将自己的开放置于那些条件的限制下了。最好的做法是，不管怎样，都保持开放。

如何学会保持开放取决于你自己。而终极诀窍是不要关闭自己。只要你不关闭自己，你就已经学会保持开放了。不要让人生中出现的任何事物变得太过重要，以至于你愿意为之关闭自己的心灵。当你的心灵开始关闭时，你只需说："不，我不会关闭自己。我要放松。我会让这一情况发生，然后面对它。"你要尊重并重视这一情况，然后无论如何，尽你所能地应对它。而且你要以开放的态度应对它，拿出兴奋和热情应对它。

不管发生了什么情况，就让它成为今天的乐趣吧。随着时间的推移，你会发现自己已经忘了该如何关闭自己。无论任何人做了任何事，无论发生了什么情况，你甚至不会产生关闭自己的倾向，你将全心全意地拥抱生活。一旦你达到了这种非常高的境界，你的能量水平将是惊人的。你将时刻拥有你所需要的所有能量。你只要放松并开放自己，巨大的能量就会充溢在你的体内。唯一会对你产生限制的就是你保持开放的能力。

如果你真的想保持开放，那么当你感受到爱和热情的时候，就要关注这种感觉，然后问问你自己，为什么你不能一直拥有这种感觉？为什么它总会消失？答案是显而易见的：只有当你选择关闭自己时，这种感觉才会消失。当你关闭自己时，你实际上是在选择不去感受开放和爱。你总是把爱丢掉。你能感觉到爱，但如果有人说了你不喜欢的话，你就会放弃爱。你对你的工作充满热情，但如果有人批评了你，你就想辞职了。你有选择的权利。你可以因为不喜欢发生在你身上的事情而关闭自己，你也可以通过不关闭自己来不断感受爱和热情。事实上，只要你定义了你喜欢和不喜欢的事物，你就会开放或关闭自己。这实际上是在定义你的极限，是在允许你的大脑创造能让你开放和关闭的触发器。你得放下这一切，要勇于接受不同的事物，去享受生活中的一切。

你越是保持开放，就越能积聚能量流。到了一定时候，如此多的能量会积聚在你体内，以至于它们开始从你的体内流出。你会感觉到它们像波浪一样从你身体里喷涌而出。你能真切地感觉到它们从你的手上、从你的心中、从其他能量中心里涌出来。所有能量中心都是开放的，大量的能量开始从这里涌出。更重要的是，这种能量影响着其他人。人们可以利用你向他们输入的能量流。如果你愿意更加开放自己，这个过程就永远不会停止。你将成为周围所有人的光明源泉。

你要保持开放而不是关闭。耐心等待，直到你看到自己身上发生的变化。你甚至可以用你的能量流影响自己的身体健康。当你感觉某种疾病即将来临时，你只需放松和开放自己。当你开放自己时，你会将更多的能量带入体内，将它治愈。能量可以治愈疾病，这就是为什么爱可以治愈疾病。在你探索你的内在能量时，整个有待发现的世界都向你敞开了。

生命中最重要的是你的内在能量。如果你总是很累，没有激情，那么生活就没有乐趣可言。但如果你总是欢欣鼓舞，充满活力，那么每一天的每一分钟都会是令人兴奋的体验。学会应对发生在你身上的事情。通过冥想、觉知和特意的努力，你可以学会使你的能量中心保持开放。而要做到这一点，你只需要放松和释放。不要相信世界上有任何事物值得你为之关闭自己。记住，如果你热爱生活，就没有任何事物值得你为之关闭自己。事实上，世界上从来就没有任何事物值得你为之关闭自己的心灵。

第 6 章

心灵的秘密

很少有人能够理解心灵。事实上，你的心灵是造物的一大杰作。它是一种非凡的乐器，可以创造出远比钢琴、弦乐或长笛更优美的振动与和声。你能听到乐器的声音，但你的心灵需要你去感觉。如果你认为你能感觉到一件乐器，那只是因为它触动了你的心灵。你的心灵是一种由极其微妙的能量构成的乐器，很少有人能够欣赏它。

对大多数人而言，心灵是在无人看管的情况下工作的。尽管它的行为支配着我们的人生旅程，但它却得不到理解。如果在某个特定的时间点，心灵恰好开放了，我们就会坠入爱河；如果在某个特定的时间点，心灵恰好关闭了，爱就会停止。如果心灵碰巧受伤了，我们就会生气；如果我们完全不能感觉到它，我们就会变得空虚。这些事情之所以会发生，都是因为心灵经历了变化。这些发生在心灵中的能量转换和变化控制着你的人生。你对它们是如此认同，以至于当你谈到自己的心中正在发生什么时，你会使用“我”这个词。但事实上，你并不是你的心灵。你只是你心灵的体验者。

心灵其实很好理解。它是一个能量中心，一个脉轮。它是最美丽、最强大的能量中心之一，影响着我们的日常生活。正如我们所看到的，通过能量中心，你体内的能量才得以集中、分散和流动。这种能量流被称为“沙克蒂”“精神”或“气”，它在你的生命中起着错综复杂的作用。你时时刻刻都能感受到心灵的能量。想一想当你的心中感受到爱时是什么感觉；想一想当你的心中涌出灵感和热情时是什么感觉；想一想当你感到心中涌起能量，使你变得自信而强大时是什么感觉。这些之所以会发生，都是因为心灵是一个能量中心。

心灵通过开放和关闭自己来控制能量的流动，这意味着心灵就像一个阀门，既可以允许能量流动，也可以限制能量流动。如果你仔细观察你的心灵，就会清楚当它开放的时候是什么感觉，当它关闭的时候又是什么感觉。事实上，心灵的状态经常发生变化。你可能会在某些人身边感受到美好的爱意，但当他们说出你不喜欢的话，你的心灵就会对他们关闭，再也感觉不到那种爱。我们都经历过这种事情，但这到底是由什么导致的呢？既然我们都必须体验自己的心灵，那我们不妨了解一下那里究竟发生了什么。

在进行分析之前，先让我们提一个最基本的问题：心灵这一能量中心的结构具有什么特点，使它能够关闭起来？你会发现，心灵之所以能够关闭，是因为它会被来自过去储存在那里的能量阻塞。你只需要检视一下自己的日常经验就可以理解这一点。当各种事件在这个世界上发生时，它们会通过你的感官进入，并对你的内在存在状态产生影响。经历这些事件可能会给你带来一些恐惧，一些焦虑，也可能是一些爱。你的内心会产生不同的体验，而这取决于你是如何接受和消化面前这个世界的。当你通过感官接受这个世界时，实际上是能量正在进入你的存在，因为形式本身无法进入你的头脑或心灵，只能停留在外面，但是它被你的感官加工成了你的头脑和心灵可以接受和体验的能量模式。科学向我们解释了这一知觉过程。你的眼睛并非你观察世界的真正窗口。你的眼睛是摄像机，会把世界的电子图像传送给你。你的所有感官都是如此，它们感知世界，转换信息，通过神经电脉冲传输数据，然后在你的脑海中呈现各种印象。你的感官实际上相当于电子感应装置。如果进入你心灵的能量模式对你产生了干扰，那么你就会抗拒它们，不允许它们通过。这时，各种能量就会在你的内部世界受阻。

这一点非常重要。为了更好地理解这些能量储存在你体内是什么感觉，让我们先来看看如果没有任何东西储存在那里会是什么感觉。如果所有东西都只是掠过无痕呢？例如，当你在高速公路上开车时，你可能会经过成千上万棵树。它们不会给你留下印象，而会被你过目即忘。开车时，你会看到树、看到建筑物、看到汽车，而这些都不会给你留下持久的印象，只有一个瞬间的印象会让你觉知到它们。尽管它们的确会通过感官进入并在你的脑海中留下印象，但是就在印象产生的那一刻，它们就被释放了。若你与它们之间没有特别的关系，这些印象就会自由地通过。

这就是整个感知系统的工作原理。它的作用是接收事物，好让你去体验它们，然后让它们通过，这样你就可以充分投入到下一刻中。当这个系统处于有效的运作状态时，你们的状态都会很好。你只是在经历一次又一次的体验：开车是一种体验，路过的树是一种体验，经过的车也是一种体验。这些体验是上天赐给你的礼物，就像一部很棒的电影。它们正在进入你，唤醒并激发你。它们实际上会对你产生深远的影响。每时每刻，各种体验都在进入你，而你在学习和成长。你的心灵和头脑在拓展，你会在一个非常深的层次上被触动。如果体验是最好的老师，那么生命的体验无疑是经验中的王者。

活着的意义在于体验你正在经历的那个时刻，再体验下一个时刻，接着是再下一个。各种各样的体验会进入并通过你。当一切在正常运作时，这个感知系统是一个非凡的系统。如果你能生活在这种状态中，你就是一个完全觉知的存在。一个觉醒的生物就是这样，始终生活在“此刻”，在此刻亲历生命的完整性。想象一下，如果你在人生的每一次体验中都能这样充分投入，让你的体验深深地触动你的存在，那么人生的每一刻都将是一次激发你、感动你的体验，因为你会完全开放自己，生命将畅通无阻地在你身上流淌。

但我们大多数人的内心并不是这样的。我们的内心活动更像是这样一个过程：你在街上开车，前方的一棵棵树、一辆辆车都顺利地从你身旁经过了；然而，某一事物不可避免地出现，它未能顺利地从你的内心通过——你经过一辆浅蓝色的福特野马，它看起来很像你女朋友的车，你注意到有两个人在前排座位上拥抱，或者至少看起来是在拥抱。这辆车本身和其他车没有本质区别，不是吗？不，对你来说，它和其他所有车都不一样。

让我们仔细审视发生了什么。当然，对于眼睛摄像头来说，这辆车和其他车并没有区别，它们同样地反射出光线穿过你的视网膜，在你的脑海中留下视觉印象。所以在生理层面上，一切并没有什么不同。但是在精神层面上，这辆车留下的印象并没有顺利通过。当下一刻来临时，你不会再注意其他树，也看不到其他车。你的心灵和思想都集中在那辆车上，即使它已经消失不见了。此刻你遇到了一个问题。你的内心出现了阻塞，一个事件被卡住了。接下来的所有体验都试图通过你的内心，但是这个问题使本应通过的体验未能完成。

那么这次未能通过的体验会怎么样？具体来说，如果对女朋友的车的印象没有像其他事物那样消失在记忆深处，那么它会如何？在某个时刻，你必须停止关注它，以便处理其他事情，比如下一个红绿灯。但你没有意识到的是，你的整个人生体验都将因为这一未能通过的体验而改变。现在，生活必须与其竞争，以吸引你的注意力，而且关于这件事的印象并不会只是安静地待在你的脑海中，你会发现你总会不断地思考它。而这一切都是为了找到一种方法，让它能通过你的内心。你不需要处理对树的体验，但你需要处理它。因为你的抗拒，它被卡住了。于是，你会冒出各种想法："也许不是她。当然不是她。怎么可能是她呢？"你心里会涌出一个又一个念头，而这会让你快要发疯。这些内心的噪声都源自你处理被阻塞的能量，让它不再碍事的种种尝试。

从长远来看，那些无法从你这里通过的能量会被推到你心灵和思想的最前沿，并且一直待在那里，直到你准备好释放它们。这些能量包含了相关事件的大量细节，是真实存在的，它们不会简单地消失。当你无法让人生中的事件从你这里通过时，它们就会停留在你的内心，并成为一个问题。它们可能会在你的内心世界停留很长一段时间。

要将能量长时间地集中在一个地方并不容易。当你努力阻止某些事件通过你的意识时，能量首先会试图通过头脑显现，以期获得释放，这就是为什么这些时候头脑会变得如此活跃。

而当这些事件因为与其他思想和精神观念发生冲突而无法通过头脑获得释放时，它们就会试图通过心灵来获得释放。这就是所有情感活动的源头。当你甚至连这种释放都要加以抵制时，能量就会被打包并强行送到心灵深处储存起来。在瑜伽传统信仰中，未能通过的能量被称为“业力”(Samskara)，这是一个梵语单词，意思是“印象”。在瑜伽教义中，它被认为是影响人生的最重要的因素之一。业力是一种障碍，是某个来自过去的印象，是未能通过的能量，最终将主导你的生活。

为了理解这一点，让我们先深入研究一下这些未能通过能量背后的生物学原理。就像能量波一样，进入你体内的能量必须保持运动，但这并不意味着它不会在你体内受到阻挡。有一种方法可以让能量在保持运动的同时停留在原地，也就是让它绕着它自己转。原子和恒星系内部的运动都属于这种情况。万物皆为能量。如果能量没有被容纳，它就会向外扩展。能量必须进入围绕自身旋转的状态中，以创造出一个稳定的单元。这就是为什么以原子形态出现的能量成了整个物理宇宙的基本组块。能量会围绕自身循环。研究者发现，原子拥有的受控能量一旦被释放，就可以炸毁整个世界。但是，除非受到外力影响，否则能量将因其平衡状态而始终得到控制。

这种能量循环的过程正是“业力”所导致的。业力是过去储存的能量在相对平衡状态下的循环。正是你对体验这些能量的抗拒导致了能量围绕自身循环。它没有其他地方可去，而你又不肯对它放手。大多数人都是这样处理他们的问题的。这种“循环能量包”实际上就储存在精力充沛的心灵能量中心。你一生中积聚的所有业力都储存在那里。

为了充分理解这意味着什么，让我们的思绪回到那辆看上去和你女朋友的车一模一样的浅蓝色福特野马的例子上。一旦被扰乱的能量被打包并储存在心中，它们基本上是不活跃的。或许在你看来，你似乎已经处理好了这个问题，而且你对这次经历不再心存芥蒂。你甚至可能不会向你的女朋友提起这件事，因为这听上去像是你在嫉妒。你并不知道该怎么处理这件事，所以你抵制这种能量，使它被储存在了你的心中，这样它就会退到幕后，不会再来烦你。可是，虽然你看似已经搞定了一切，好像一切都已烟消云散，但实际上并非如此。

你储存的所有业力都还在那里。从你还是个婴儿的时候到此时此刻，一切没能从你这里通过的事物，都还在你的内心里。正是这些印象，这些业力，在灵性心灵的阀门上固结成硬壳。这层硬壳越结越厚，阻碍了能量流。

既然我们了解了心灵内部的阻塞来自何方，我们就已经回答了心灵是如何被阻塞的结构性问题。各种印象累积起来形成的阻塞完全可以达到只有极少能量可以通过的程度。如果它们累积得足够多，你会发现自己处于一种抑郁状态，在这种状态下，一切都显得黑暗。这是因为只有很少的能量能进入你的心灵或头脑。到最后，一切都会显得很消极，因为感官输入必须先通过这种抑郁的能量，才能进入你的意识。

即使你不容易抑郁，你的心灵还是会随着时间的推移而被阻塞。这是一个日积月累的过程。不过，心灵并不总是处于被阻塞的状态。面对不同的生命体验，它可以频繁地开放和关闭的状态间切换。这就引出了我们的下一个问题：心灵状态频繁变化的原因是什么？如果你仔细观察，你会发现它与那些引起阻塞的、过去储存的印象有关。

被储存的能量是真实存在的。业力实际上为未能通过的事件的细节所预设。如果你感到嫉妒是因为你认为你看到你的女朋友在车里拥抱别人，那么关于该事件的非常详细的数据就会被存储在业力中。业力具有对该事件的情感共鸣，具有该事件的性质，甚至保留了你对该事件的敏感度。

为了看清楚这一点，让我们想象一下未来会发生什么。5 年后，你早已和先前的女友分手，已经娶了另外一个人，而且你也成熟了许多。有一天，你和家人一起开车外出。树木在掠过，车辆在驶过，但就在这时，一辆浅蓝色的福特野马向你开过来，两个人正在前排座位上拥抱。顿时，你的心里发生了某种变化。事实上，你的心跳停顿了一下，然后开始加快。你开始变得闷闷不乐、烦躁、焦虑，你不再觉得开心。这些内在的变化之所以会发生，都是因为当你看到那辆特别的车子时，你的心被打乱了。退一步观察这个过程，你会感到非常神奇：5年前，在短短的瞬间里发生了一个事件，你从未和任何人讨论过它；现在，5年过去了，一辆浅蓝色的福特野马驶过，就足以改变你心灵和头脑中的能量流。

虽然这看起来令人难以置信，但它的确是真的。这一心理过程不仅会发生在淡蓝色福特野马上，而且会发生在所有未能从你这里通过的事物上。难怪我们会如此应接不暇。难怪心灵一直在不断地开放和关闭。储存在那里的能量是真实存在的，而且它会与当前的思想及事件流相互作用。这种相互作用会导致作为业力被储存起来的情感共鸣被激活，有时甚至是在多年之后。淡蓝色福特野马就是这种情况。而且，要激活储存的能量，甚至不需要一模一样的车，它可以是一辆黑色福特野马或任何一辆有人在里面拥抱的车。一个人周围的任何事物都有可能激活业力。

这里的关键在于，过去的印象确实会被激活，哪怕是很久以前的印象，而且它们会影响你的生活。从今天的事件中获得的感官输入会挖掘你多年来储存的所有东西，并准确还原与新事件相关联的过去能量。当业力被激发时，它会像花朵一样绽放，并开始释放储存的能量。刹那间，过往事件发生时你所体验到的一切又会重新闯进你的意识——思想、情感，有时甚至是气味和其他感官输入物。业力可以存储事件的完整快照。它远远超出了任何由人类创建的计算机存储系统。它可以存档你过去的所有感觉、所有想法，以及围绕该事件发生的一切。这些信息都被储存在你内心的一个小小的能量泡中。多年后，它们会被激活，使你立刻体验到过去的感觉。事实上，当你60岁的时候，你仍然可以体验到一个5岁孩子的恐惧感和不安全感。这时候，未能通过的精神和情感能量将再次被储存和重新激活。

但同样重要的是，你要意识到，你所接收的大多数东西并没有被阻塞，它们都直接从你这里通过了。想象一下你每天会看到多少事物，它们并不都会被储存起来。在你形成的所有印象中，会被阻塞的是那些会引起问题或带来某种非凡愉悦感的印象。是的，你也会储存积极的印象。当一段美好的经历发生在你身上时，它不会直接通过，因为你依恋它。依恋意味着"我不想让这段经历消逝。他告诉我他爱我，我感到被深爱着、被保护着。我想随时重温那一刻。请一遍又一遍地为我回放它……"依恋会产生积极的业力，当这些业力被激活时，它们会释放出积极的能量。因此，有两种体验可能阻塞你的心灵：你要么因为被某种能量困扰而试图将它们赶走，要么因为喜欢某种能量而试图将它们留在近旁。在这两种情况下，你都没有让它们通过，你是在通过抗拒和依恋来阻止能量流动，从而浪费了宝贵的能量。

另一种选择是享受生命，而不是固守它或是把它推开。如果你能享受生命，那么每一个时刻都将改变你。如果你愿意体验生命的恩赐，而不是与之抗争，你将进入你存在的深处。当你达到这个境界，你会开始看到心灵的秘密。能量需要流经心灵，才能支撑你。这种能量激励着你、养育着你，它是支持你度过这一生的力量。它是爱的美好体验，灌溉着你的整个身心。这样的过程本应该一直在你的内心深处进行着。你的体验完全取决于你的开放程度。如果你不关闭自己，美好的体验就可以一直保持下去。不要低估自己，它可以一直持续下去——无穷的灵感，无尽的爱，以及无止境的开放性。这是一颗健康心灵的自然状态。

要想达到这种状态，只要让生命的体验进入并通过你的存在即可。如果未能通过的旧能量重新出现，那么这次就放手吧，这很容易做到。当那辆浅蓝色的福特野马经过，让你感到恐惧或嫉妒时，你就微笑吧。这个长久以来一直储存在心里的业力能有机会通过你，你要为之高兴。你只需要敞开胸怀，放松心灵，原谅，大笑，或是做任何你想做的事。但切勿再次压抑它。当然，它的出现会带来痛苦。它是与痛苦一同被储存的，也会与痛苦一同被释放。你必须做出决定，是带着累积的痛苦继续活下去，使它能够继续阻塞你的心灵并限制你的人生；还是在它被激活时顺势放手，痛苦一分钟，然后结束这一切。

这意味着你要做出这样一个选择：你是想尝试改变这个世界，让它不再扰动你的业力，还是愿意经历这一净化过程？不要根据被激活的业力来做决定，而要学会集中足够的注意力去观察它们出现。一旦你的内心足够沉静，能够停止与储存的能量搏斗，它们就会不断地涌现并通过你。它们会在白天出现，也会出现在你的梦中。你的心灵会习惯释放和净化的过程。就让它们再次出现吧，然后就此结束它们。不要一个一个地处理它们，那样太慢了。请你专注地待在意识的中心，然后放手。就像身体清除细菌和其他异物一样，你的能量的自然流动将从你的心灵中清除储存的能量。

你获得的回报将是一颗永远开放的心灵，它将不再有阀门。你将生活在爱中，爱滋养你，让你变得强大。心灵本是一个乐器，让自己去体验心灵能够奏出的每一个音符吧。如果你放松而开放，心灵的净化将是一件美妙的事情。请把目光投向你能想象到的最高境界，不要挪开视线。如果你跌倒了，就重新站起来，这没什么关系。你愿意经历这一释放能量流的过程，本身就意味着你很棒。你会成功的，只要你能坚持放手。

第 7 章

超越自我封闭的倾向

灵性成长和个人觉醒的基础在很大程度上已由西方科学的各种发现所证实。科学向我们揭示了深层能量场是如何形成原子的，而原子又如何结合形成了分子，并最终构成了整个物理宇宙。我们的内在世界也是如此。内在世界中发生的一切也有一个深层能量场作为其基础。是这个能量场中的活动创造出了我们的精神和情感模式，以及我们内在的驱动力、冲动和本能反应。不管你把这个内在能量场称作什么——气、沙克蒂，或者精神，总之，它是一种深层的能量，以特定的模式在你的内在世界中流动。

在观察你自己以及其他生物内在世界中的这些能量时，不难发现，最原始的能量流是生存本能。在亿万年的进化长河中，从最简单的生命形式到最复杂的生命形式，为保护自己而进行的日常斗争始终存在着。在我们高度进化的合作型社会结构中，这种生存本能已经经历了多次进化。我们中的许多人不再缺乏食物、水、衣服或住所，也不再经常面临生命威胁。因此，保护性能量已经适应在心理上而不是生理上保护个体。我们现在每天都需要捍卫我们的自我概念，而不是我们的身体。我们最主要的斗争对象是我们内心的恐惧、不安全感和毁灭性行为模式，而不是外部力量。

尽管如此，那种会让一只鹿逃跑的冲动同样也会让你逃跑。假设有人对你提高嗓门或是谈论一个令人不舒服的话题，尽管这些都不构成身体上的威胁，但你的心跳还是会稍稍加速。这与鹿突然听到什么动静时的反应是完全一样的，它们会开始心跳加速，接着要么僵立不动，要么逃之夭夭。然而，对你来说，你遭遇的通常不是这种会导致身体逃跑的恐惧，而是一种深层次的、个人的恐惧，让你觉得需要得到保护。

既然这个社会不允许你像鹿一样跑到树林里躲起来，于是你就躲在了自己的内在世界中。你退缩，自我封闭，撤到你的防护罩后面。你这么做实际上是在关闭你的能量中心。即使你不知道你拥有能量中心，但是你从幼儿园开始就能熟练地关闭它们。你完全知道应该如何关闭你的心灵并竖起一个心理防护罩，以避免频繁接收到不同的能量，并因为对之过于敏感而产生恐惧。

当你关闭自己以自我保护时，你会围绕自己的薄弱部分建造一个壳。你的这一部分觉得自己需要保护，哪怕并没有身体攻击发生。你这是在保护你的自我和你的自我概念。某种情况可能并不会带来身体上的危险，但它可能会让你体验到混乱、恐惧、不安全感，以及其他情绪问题。所以你觉得有必要保护自己。

问题是，受到困扰的那部分你已经失去了平衡。它是如此敏感，以至于一点小事都会导致它反应过激。你生活在一颗在太空中快速旋转的行星上，你不是在担心自己皮肤上出现的斑点，就是在担心自己新车上的划痕，或是自己在公共场合打嗝的囧境。这是一种不健康的状态。如果你的身体特别敏感，你会认为自己生病了，但我们的社会却认为心理敏感是正常的。由于我们大多数人不必担心食物、水、衣服或住所，我们可以腾出更多精力来担心裤子上的一个污点，自己过大的笑声，或是不合时宜的言论。因为我们已经形成了这种敏感的心态，所以我们不断地用我们的能量来包围它，以保护自己。但是这一过程只是将问题隐藏了起来，并没有解决它们。这就像把疾病锁在自己的身体里，情况只会变得更糟。

在你成长的过程中，你会渐渐明白，如果你一味地保护自己，你将永远不会自由。事情就是这么简单。比如，因为你感到害怕，所以你把自己锁在家里，拉下了所有的窗帘。现在，你的四周一片漆黑，你想感受阳光，但你做不到。如果你关闭了自己，你就会把这个恐惧而没有安全感的你锁在自己的心里。这样做，你将永远不会自由。

归根结底，如果你完美地保护了自己，你将永远无法成长。你所有的习惯和癖好都会保持不变。当人们保护自己过去储存的事物时，生命就会停滞不前。人们会说诸如此类的话："你知道我们不可以在你父亲面前谈论这个话题。"之所以有这么多"不应该"在外部世界发生的事情，只是因为它们可能在内在世界引起骚乱。这样活着会让你很难产生自发的快乐、热情，以及对生活的激情。大多数人都在日复一日地保护自己，确保事情不至于出太大的岔子。最后，当被问到"今天过得如何"时，人们最正常的回答就是"不算太坏"或"我还死不了"。这说明他们的人生观是把生活看作一种威胁，顺利的一天意味着这一天没有受到伤害。然而，这样活得越久，你就会变得越封闭。

如果你真的想成长，你就必须反其道而行之。真正的灵性成长发生在你的内在世界中只有一个你存在时。这时，你没有分裂成两个部分：一个部分感到害怕，另一个部分在保护感到害怕的那个部分。所有部分都被统一了起来。由于你自身没有任何一部分是你不愿意看到的，你的头脑不会再被分为意识和潜意识。你在内在世界中看到的一切都只是你在内在世界中看到的某个事物而已。它并不是你，而是你所看到的事物。那里有你内心涌出的纯净能量，产生了思想和情感的涟漪；那里还有觉知到这一切的意识。这一切都只不过是你在观看内心的舞蹈罢了。

为了达到这种意识状态，你必须让你的整个内心浮出水面。它的每一个独立的微小部分都必须被允许通过。现在，你的内心中装着许多支离破碎的精神碎片。如果你想要自由，那么这一切都必须平等地向你的觉知暴露并被释放出来。但是如果你封闭自己，它们就永远无法暴露出来，毕竟封闭自己的目的就是确保你内心中的敏感部分不会暴露。所以你要明白，不管暴露会造成多大的痛苦，你都得为自由付出这个代价。当你不再甘愿将自己分割成无数的碎片时，你就为真正的成长做好准备了。

你要先从自我保护和防御的倾向入手。人有一种很深的、天生的封闭倾向，特别是涉及自己的软肋时。但最终你会发现封闭会带来巨大的工作量。一旦你封闭了自己，你就必须确保你要保护的东西不会受到干扰。然后你将在你的余生中一直执行这项任务。另一种选择是让意识足够清醒，单纯地观察你心中不断试图保护自己的那个部分。然后你可以送自己一份终极礼物，即决定不再这样下去，相反，你要摆脱那个部分。

你可以从观察生活开始，试着注意每天都在不断冲击着你的各种人和各种状况。你会发现自己是多么频繁地努力保护和捍卫自己脆弱的地方。你觉得似乎整个世界都想攻击那里，无论你去哪里，都有人或事想干扰你，想惹你生气。为什么不随他们去呢？如果你真想摆脱你的脆弱，那就不要保护它。

不保护你的内心，你将获得解放。你可以自由地在这个世界上行走，不会有什么事成为你内心的问题。不管接下来会发生什么，你只会乐在其中，因为你已经摆脱了恐惧的那部分你，不必再担心受到伤害或困扰。你不再需要听自己说“他们会怎么看我”或“哦，天哪，我真希望自己没那么说，这听起来太蠢了”，你只管做自己的事，把你的全部身心都投入到正在发生的事情中去，而不是把你的全部身心都投入到个人的敏感多虑中去。

一旦你决心要把自己从内心的恐惧中解放出来，你就会注意到一个明确的决策点，你的成长将从那里开始。灵性成长的关键就在于你变得能够感觉到自身能量发生变化的那个节点。例如，有人说了些什么，于是你开始感到内心的能量变得有点奇怪。事实上，你会开始感到紧张，而这就是对你的暗示：现在该成长了，现在不是保护自己的时候，因为你希望摆脱需要保护的那部分自己。如果你不想要它，就放手吧。

最终，你会拥有足够强大的意识，于是，在你发现能量开始变得奇怪的那一刻，你就会停下来。你不会参与到能量中去。如果这些能量总会使你开始说话，你就停止说话。你只要停下来就行，说到一半就停下来，因为你知道如果你继续说下去，会说出什么话来。在你看到内部能量失去平衡的那一刻，在你发现心灵开始紧张、开始戒备的那一刻，你就停下来。

“停下”到底是什么意思？它是你需要在内心中做的一件事，也就是放手。当你放手的时候，你就不会被卷入正试图把你拉进去的能量。你的内在能量是有力量的，它们非常强大，会把你的觉知吸引进去。如果一把锤子落在你的脚趾上，你的所有觉知都会集中在那里。同样，如果突然有一声巨响，那么你的所有觉知又都会集中到那里去。意识具有专注于干扰事件的倾向，被干扰的内在能量也会把你的意识吸引过去。但你本可以阻止这种事发生，你确实有能力摆脱它们，不被卷入。

当内在能量开始流动时，你不必跟着它们走。比如，当你开始思考时，你不必跟着你的思绪走。假设你在外面散步，一辆车从你身边驶过。你的想法是：“天哪，真希望那辆车是我的。”你继续散步，但是你开始变得不安。你想要一辆那样的车，但是你的薪水不够高。于是你开始考虑如何获得加薪或是换一份工作。但实际上你没有必要考虑这些。事情可以只是——车来了，车又走了，想法来了，想法又走了。车和想法一同消失了，因为你没有跟着它们走。这就是所谓的保持居中。

如果你不保持居中，你的意识就会跟着它注意到的任何事物走。看到汽车驶过，你就会走神，开始想关于汽车的一些事情。看到一条船，你又会满脑子都是船，而把汽车忘得一干二净。这样的人确实存在。他们做不好自己的工作，人际关系也一塌糊涂。他们会把很多事情搞得一团糟；他们的能量也被分散得七零八落。

你有能力不去跟随任何想法。你可以坐在意识的位置上，然后放手。一种思想或情感出现，你注意到它，然后它就可以过去了，只要你允许它通过。这是一种解放自我的技巧，要做到它只需理解思想和情感仅仅是意识的对象。当你看到你的心灵开始焦虑时，你显然已觉知到这一体验。但觉知者是谁？是意识，是内在的存在，是灵魂，是自我。它是观者，是那个“看”的人。你在内在能量流中体验到的变化只是这个意识的对象。如果你想获得自由，那么每当你感觉到能量流发生任何变化，就放松你自己，不要与之抗争，不要试图改变它，也不要评判它。不要说：“哦，真不敢相信我还在体验这种感受。我已经向自己保证过不会再去想那辆车了。”不要这样做，这只不过是用内疚的想法取代关于汽车的想法罢了。你必须放开所有想法。

但这实质上不仅是放开思想和情感。它的本质其实是放开能量对你意识的牵扯。被干扰的能量试图吸引你的注意力。如果你能运用内在的意志力不被吸引，并保持内在的冷静，你就会注意到意识和意识对象就像黑夜和白天，它们是完全不同的。意识对象来了又去，意识则看着它来了又去；然后下一个对象来了又去，而意识依然看着它。意识对象总是来了又去，但是意识没有去任何地方。它保持不变，只是看着这一切。意识能体验到思想和情感的产生，能清楚地看到它们来自何处。它能够看着这一切，而不去思考它们。它能轻易看到内在发生的事情，正如它能轻易看到外部发生的事情。它只是观察而已。自我观察着内在的能量随着内在和外在力量的变化而变化。它观察到的所有能量都将只是来了又去，除非你离开了意识的中心，跟随它们而去。

让我们用慢镜头来观察一下，如果你跟随这些能量而去会发生什么事。首先，你会产生一种想法或感觉。这种感觉可能和你的能量流开始变得紧张并充满戒备时的感觉一样轻微，也可能强烈得多。如果这些能量俘获了你的意识，而意识的所有力量都集中在它们那里，那么这种力量就会滋养它们。意识是一种非常强大的力量。当你的意识集中在这些思想和情感上时，它们就会充满力量。这就是为什么你给予它们的关注越多，思想和情感就越强烈。比方说，你感觉有一些嫉妒或恐惧。如果你专注于这一情绪，它就会变得越来越重要，要求你给予更多的关注。然后，由于你的关注会滋养它，它会被注入更多的能量，从而吸引更多的注意力。这是一个循环的过程。最终，起初只是一闪而过的思想或情感会成为你整个生命的中心。如果你不放手，它就可能完全失控。

一个明智的人会让意识保持足够居中，每当能量转入防御模式时就放手。一旦能量开始流动，你感觉到意识开始被它吸引，你就要放松和释放。放手意味着不跟随能量流。你只需有意识地做出一点努力，下定决心不去那里。你只管放手，虽然这有些冒险，但赌放手比跟随能量而去对你更有好处。当你摆脱了能量对你的控制，你就可以自由体验你内心的喜悦和广阔了。

当你决定利用生活来解放你自己，愿意为内心的自由付出任何代价，你将意识到你必须付出的唯一代价就是放开你自己，唯有你才能剥夺或保留你内心的自由，其他人都做不到。别人做什么并不重要，除非你认定那对你很重要。从小事开始。我们往往会让自己被每天发生的琐碎的、毫无意义的事情所困扰，例如有人在红绿灯路口对你按喇叭。当这些小事发生时，你会感到你的能量在发生变化。在你感觉到变化的那一刻，放松你的肩膀，放松你心脏周围的区域。在你的能量开始流动的那一刻，你只需放松和释放，并把放手和从被烦扰的感觉中抽离当成游戏来玩。比方说，有个同事拿走了你的铅笔，以至于每次你用铅笔时，都会注意到你内在能量发生的变化——哪怕只是最微小的变化。你愿意释放那支铅笔带来的能量以解放自己吗？这样你就使自由成了一个游戏。你没有被烦扰，而是进入了自由状态。当你伸手去拿铅笔时，如果你发现自己有点紧张，那就放手吧。你的思想可能会说："如果我放手，他们就会肆意践踏我。今天是一支铅笔，明天就会是我的办公桌，或是我的房子，甚至是我的丈夫。"思想就爱这样说话，非常富有戏剧性。但是你决定了，只是一支铅笔而已，就随它去吧。你告诉自己的思想："等他们要抢走我的车了，我们再聊聊。眼下，自由的代价只是一支铅笔而已。"你只需下定决心，不管思想在说什么，你都不要参与。不要和思想抗争，甚至都不要试着去改变它。在面对它主演的夸张情节剧时，你只管去做一个放松的游戏。你只需学会如何消除容易被能量吸引的倾向。这一倾向的根源就在意识觉知到这些能量的吸引力的地方。

能量确实有吸引你的力量。即使你已经决定不再让这种事情发生，它仍然对你有着巨大的影响力。这种吸引会出现在工作中，也会出现在家里；会出现在你的孩子身上，也会出现在你的丈夫或妻子身上。它会时刻出现在每一件事和每一个人身上。成长的机会是无穷无尽的，它一直就摆在你面前，你只需下定决心不让能量吸引你。当你感觉到这种吸引力，就像有人在拉扯你的心一样时，你只需放手，不要跟着它走。你只要放松和释放即可。不管你被拉扯了多少次，你只要每次都回以放松和释放即可。由于被吸引的倾向是持续存在的，所以放手和拒绝卷入的意愿也必须持续存在。

你的意识中心总是比吸引它的能量更为强大，你只需有意愿去践行你的意志。但这不是一场战斗，你并不需要阻止能量从内在世界涌上来。感受到恐惧、嫉妒或爱慕的能量并没有错。诸如此类的能量会存在也并不是你的错。所有的爱慕与排斥，思想与情感，都没有任何区别，它们不会让你变得纯洁或不纯洁。它们并不是你。你是那个观察者，观察者就是纯粹的意识。别以为没有这些感觉才会自由。事实并非如此。即使有这些感觉，你依然能够自由。如果你能对能量放手，你就真的自由了，尽管总有一些事情在所难免。

如果你能学会在比较小的事情上保持意识居中，你会发现你也可以在比较大的事情上保持意识居中。随着时间的推移，你会发现你甚至可以在真正重大的事情上保持意识居中。那些若发生在过去会毁了你的事情如今可以来了又去，而你则岿然不动，心如止水。即使面对深深的失落感，你的内心深处也可以安然无恙。只要你是在释放能量，而不是压抑它，那么平静和冷静就不会伤害到你。即使发生了可怕的事情，你也能够免于各种情感伤痕和印象。如果你不把这些问题锁在心里，你就可以在不受心理伤害的情况下继续生活。不管人生中发生了什么事，放手永远比封闭要好。

在你的内心深处有一个地方，意识能接触到能量，能量也能接触到意识。你要在这里努力成长。你要从这里开始放手。一旦你放手了，日复一日，年复一年，这里就将成为你生活的地方。没有什么能够夺走你的意识宝座。你将学会待在那里。当你将无数岁月投入到这个过程中，学会了不管痛苦有多深都要放手，你就会达到一个伟大的境界。你将打破人的终极习惯，即被低层次的自我不断牵引。然后你就可以自由地探索你的真正存在的本质和源头——纯粹意识。

第三部分

自我解放

第8章

要么现在就放手，要么坠入深渊

对自我的探索与人生的展开密不可分。人生中自然的起起伏伏既可能促使个人成长，也可能造成个人恐惧。其中哪一种会起主导作用完全取决于我们如何看待变化。变化既可以被视为令人兴奋的事，也可以被视为令人恐惧的事，但无论我们如何看待它，我们所有人都必须面对这样一个事实：变化是生命的本质。如果你很恐惧变化，你就不会喜欢变化，你会努力在自己周围营造一个可预测、可控制、可定义的世界，创造一个不会激发你的恐惧感的世界。恐惧并不想感受自己；事实上它很害怕自己。所以你企图运用思想来操纵生活，为的是不感觉到恐惧。

人们不明白，恐惧只是诸多事物中的一种，是宇宙中又一个你有能力体验的对象。你可以用两种办法对付恐惧：一种是你认识到你怀有恐惧并努力释放它，另一种是你保持恐惧并努力躲避它。由于人们不会客观地处理恐惧，也不理解恐惧的性质，他们会保持恐惧，并试图阻止会激发恐惧感的事情发生。他们一辈子都在定义自己需要过怎样的生活才能不出问题，试图以此来营造安全感和控制力。世界就是这样变得可怕起来的。

这么做听起来可能并不可怕，而且似乎很安全，但事实并非如此。如果你这样做了，世界真的会变得充满威胁，生活会变成一场对抗。当你的内心怀有恐惧、不安全感或软弱感，当你试图不让它们受到刺激时，生活中就不可避免地会出现一些事件和变化，挑战你的努力。因为你抵制这些变化，所以你觉得自己正在与生活抗争。你会觉得别人没有按照他们应该的方式行事，事情也没有按照你希望的方式展开。你会认为过去发生的事情令人不安，并且把未来的事物看成潜在的问题。你已经定义了事情需要满足怎样的条件才能让你安心，而你对理想和不理想，好与坏的定义都衍生自那里。

我们都知道自己在这么做，但是没有人提出质疑。我们自认为理应弄清楚生活应该是怎样的，然后把它变成那样。只有那些看得更深刻并且不明白我们为什么非得让生活中的事件按某种特殊方式进行的人，才会质疑这一假设。我们为何会产生生活原本的方式并不好，它今后的情况也不会好的观念？是谁说生活的自然展开方式不好的？

打开心世界·遇见新自己

华章分社心理学书目

扫我！扫我！扫我！新鲜出炉还冒着热气的书籍资料、有心理学大咖降临的线下读书会的名额、不定时的新书大礼包抽奖、与编辑和书友的贴贴都在等着你！

扫我来关注我的小红书号，各种书讯都能获得！

科普新知

当良知沉睡

辨认身边的反社会人格者

[美] 玛莎·斯托特 著

吴大海 马绍博 译

- 变态心理学经典著作，畅销十年不衰，精确还原反社会人格者的隐藏面目，哈佛医学院精神病专家帮你辨认身边的恶魔，远离背叛与伤害

这世界唯一的你

自闭症人士独特行为背后的真相

[美] 巴瑞·普瑞桑
汤姆·菲尔兹－迈耶 著

陈丹 黄艳 杨广学 译

- 豆瓣读书 9.1 分高分推荐
- 荣获美国自闭症协会颁发的天宝·格兰丁自闭症杰出作品奖
- 世界知名自闭症专家普瑞桑博士具有开创意义的重要著作

友者生存

与人为善的进化力量

[美] 布赖恩·黑尔
瓦妮莎·伍兹 著

喻柏雅 译

- 一个有力的进化新假说，一部鲜为人知的人类简史，重新理解“适者生存”，割裂时代中的一剂良药
- 横跨心理学、人类学、生物学等多领域的科普力作

你好，我的白发人生

长寿时代的心理与生活

彭华茂 王大华 编著

- 北京师范大学发展心理研究院出品。幸福地生活，优雅地老去

读者分享

《我好，你好》

◎读者若初

有句话叫“妈妈也是第一次当妈妈”，有个词叫“不完美小孩”，大家都是第一次做人，第一次当孩子，第一次当父母，经验不足。唯有通过学习，不断调整，互相理解，互相接纳，方可互相成就。

《正念父母心》

◎读者行木

《正念父母心》告诉我们，有偏差很正常，我们要学会如何找到孩子的本真与自主，同时要尊重其他人（包括父母自身）的自主。

自由的前提是不侵犯他人的自由权利。或许这也是“正念”的意义之一：摆正自己的观念。

《为什么我们总是在防御》

◎读者 freya

理解自恋者求关注的内因，有助于我们理解身边人的一些行为的动机，能通过一些外在表现发现本质。尤其像书中的例子，在社交方面无趣的人总是不断地谈论自己而缺乏对他人的兴趣，也是典型的一种自恋者类型。

ACT

拥抱你的抑郁情绪

自我疗愈的九大正念技巧（原书第 2 版）

[美] 柯克·D. 斯特罗萨尔 帕特里夏·J. 罗宾逊 著
徐守森 宗焱 祝卓宏 等译

- 你正与抑郁情绪做斗争吗？本书从接纳承诺疗法（ACT）、正念、自我关怀、积极心理学、神经科学视角重新解读抑郁，帮助你创造积极新生活。美国行为和认知疗法协会推荐图书

自在的心

摆脱精神内耗，专注当下要事

[美] 史蒂文·C. 海斯 著
陈四光 祝卓宏 译

- 20 世纪末世界上最有影响力的心理学家之一、接纳承诺疗法（ACT）创始人史蒂文·C. 海斯用 11 年心血铸就的里程碑式著作
- 在这本凝结海斯 40 年研究和临床实践精华的著作中，他展示了如何培养并应用心理灵活性技能

自信的陷阱

如何通过有效行动建立持久自信（双色版）

[澳] 路斯·哈里斯 著
王怡蕊 陆杨 译

- 本书将会彻底改变你对自信的看法，并一步一步指导你通过清晰、简单的 ACT 练习，来管理恐惧、焦虑、自我怀疑等负面情绪，帮助你跳出自信的陷阱，建立真正持久的自信

ACT 就这么简单

接纳承诺疗法简明实操手册（原书第 2 版）

[澳] 路斯·哈里斯 著
王静 曹慧 祝卓宏 译

- 最佳 ACT 入门书
- ACT 创始人史蒂文·C. 海斯推荐
- 国内 ACT 领航人、中国科学院心理研究所祝卓宏教授翻译并推荐

幸福的陷阱

（原书第 2 版）

[澳] 路斯·哈里斯 著
邓竹箐 祝卓宏 译

- 全球销量超过 100 万册的心理自助经典
- 新增内容超过 50%
- 一本思维和行为的改变之书：接纳所有的情绪和身体感受；意识到此时此刻对你来说什么才是最重要的；行动起来，去做对自己真正有用和重要的事情

生活的陷阱

如何应对人生中的至暗时刻

[澳] 路斯·哈里斯 著
邓竹箐 译

- 百万级畅销书《幸福的陷阱》作者哈里斯博士作品
- 我们并不是等风暴平息后才开启生活，而是本就一直生活在风暴中。本书将告诉你如何跳出生活的陷阱，带着生活赐予我们的宝藏勇敢前行

经典畅销

刻意练习
如何从新手到大师

[美] 安德斯·艾利克森 罗伯特·普尔 著
王正林 译

- 成为任何领域杰出人物的黄金法则

学会提问
（原书第 12 版）

[美] 尼尔·布朗 斯图尔特·基利 著
许蔚翰 吴礼敬 译

- 批判性思维领域“圣经”

内在动机
自主掌控人生的力量

[美] 爱德华·L. 德西 理查德·弗拉斯特 著
王正林 译

- 如何才能永远带着乐趣和好奇心学习、工作和生活？你是否常在父母期望、社会压力和自己真正喜欢的生活之间挣扎？自我决定论创始人德西带你颠覆传统激励方式，活出真正自我

聪明却混乱的孩子
利用“执行技能训练”提升孩子学习力和专注力

[美] 佩格·道森 理查德·奎尔 著
王正林 译

- 为 4～13 岁孩子量身定制的“执行技能训练”计划，全面提升孩子的学习力和专注力

自驱型成长
如何科学有效地培养孩子的自律

[美] 威廉·斯蒂克斯鲁德 奈德·约翰逊 著
叶壮 译

- 当代父母必备的科学教养参考书

父母的语言
3000 万词汇塑造更强大的学习型大脑

[美] 达娜·萨斯金德 贝丝·萨斯金德 莱斯利·勒万特－萨斯金德 著
任忆 译

- 父母的语言是最好的教育资源

十分钟冥想

[英] 安迪·普迪科姆 著
王俊兰 王彦又 译

- 比尔·盖茨的冥想入门书

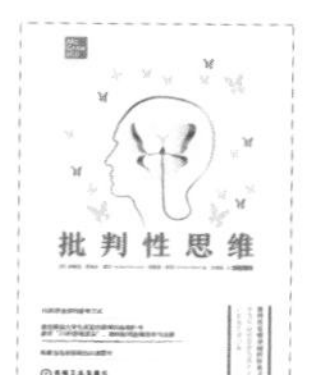

批判性思维
（原书第 12 版）

[美] 布鲁克·诺埃尔·摩尔 理查德·帕克 著
朱素梅 译

- 备受全球大学生欢迎的思维训练教科书，已更新至 12 版，教你如何正确思考与决策，避开“21 种思维谬误”，语言通俗、生动，批判性思维领域经典之作

终身成长

跨越式成长
思维转换重塑你的工作和生活

[美] 芭芭拉·奥克利 著
汪幼枫 译

- 芭芭拉·奥克利博士走遍全球进行跨学科研究，提出了重启人生的关键性工具“思维转换”。面对不确定性，无论你的年龄或背景如何，你都可以通过学习为自己带来变化

大脑幸福密码
脑科学新知带给我们平静、自信、满足

[美] 里克·汉森 著
杨宁 等译

- 里克·汉森博士融合脑神经科学、积极心理学跨界研究表明：你所关注的东西是你大脑的塑造者。你持续让思维驻留于积极的事件和体验，就会塑造积极乐观的大脑

深度关系
从建立信任到彼此成就

[美] 大卫·布拉德福德 卡罗尔·罗宾 著
姜帆 译

- 本书内容源自斯坦福商学院50余年超高人气的经典课程“人际互动”，本书由该课程创始人和继任课程负责人精心改编，历时4年，首次成书
- 彭凯平、刘东华、瑞·达利欧、海蓝博士、何峰、顾及联袂推荐

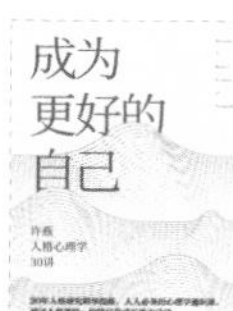

成为更好的自己
许燕人格心理学30讲

许燕 著

- 北京师范大学心理学部许燕教授，30多年“人格心理学”教学和研究经验的总结和提炼。了解自我，理解他人，塑造健康的人格，展示人格的力量，获得最佳成就，创造美好未来

延伸阅读

自尊的六大支柱

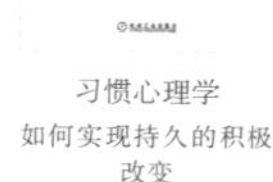

习惯心理学
如何实现持久的积极改变

学会沟通
全面沟通技能手册（原书第4版）

掌控边界
如何真实地表达自己的需求和底线

深度转变
让改变真正发生的7种语言

逻辑学的语言
看穿本质、明辨是非的逻辑思维指南

高效学习 & 逻辑思维

达成目标的 16 项刻意练习

[美] 安吉拉·伍德 著

杨宁 译

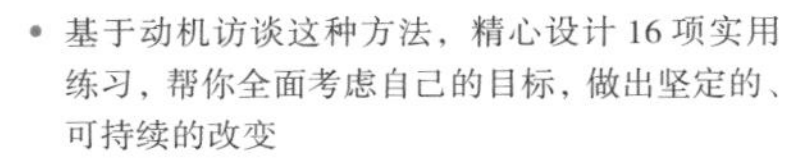
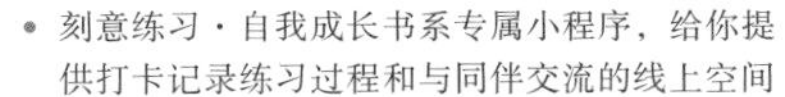

- 基于动机访谈这种方法，精心设计 16 项实用练习，帮你全面考虑自己的目标，做出坚定的、可持续的改变
- 刻意练习·自我成长书系专属小程序，给你提供打卡记录练习过程和与同伴交流的线上空间

精进之路

从新手到大师的心智升级之旅

[英] 罗杰·尼伯恩 著

姜帆 译

- 你是否渴望在所选领域里成为专家？如何从学徒走向熟手，再成为大师？基于前沿科学研究与个人生活经验，本书为你揭晓了专家的成长之道，众多成为专家的通关窍门，一览无余

如何达成目标

[美] 海蒂·格兰特·霍尔沃森 著

王正林 译

- 社会心理学家海蒂·格兰特·霍尔沃森力作
- 精选数百个国际心理学研究案例，手把手教你克服拖延，提升自制力，高效达成目标

学会据理力争

自信得体地表达主张，为自己争取更多

[英] 乔纳森·赫林 著

戴思琪 译

- 当我们身处充满压力焦虑、委屈自己、紧张的人际关系之中，甚至自己的合法权益受到蔑视和侵犯时，在“战或逃”之间，我们有一种更为积极和明智的选择——据理力争

延伸阅读

学术写作原来是这样
语言、逻辑和结构的全面提升（珍藏版）

学会如何学习

科学学习
斯坦福黄金学习法则

刻意专注
分心时代如何找回高效的喜悦

直抵人心的写作
精准表达自我，深度影响他人

有毒的逻辑
为何有说服力的话反而不可信

心理学大师作品

生命的礼物

关于爱、死亡及存在的意义

[美] 欧文·D. 亚隆 玛丽莲·亚隆 著

[美] 童慧琦 丁安睿 秦华 译

- 生命与生命的相遇是一份礼物。心理学大师欧文·亚隆、女性主义学者玛丽莲·亚隆夫妇在生命终点的心灵对话，揭示生命、死亡、爱与存在的意义
- 一本让我们看见生命与爱、存在与死亡终极意义的人生之书

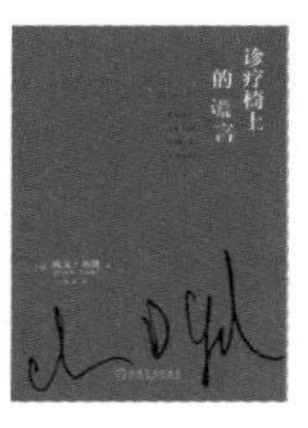

诊疗椅上的谎言

[美] 欧文·D. 亚隆 著

鲁宓 译

- 亚隆流传最广的经典长篇心理小说。人都是天使和魔鬼的结合体，当来访者满怀谎言走向诊疗椅，结局，将大大出乎每个人的意料

部分心理学

（原书第 2 版）

[美] 理查德·C. 施瓦茨 玛莎·斯威齐 著

张梦洁 译

- IFS 创始人权威著作
- 《头脑特工队》理论原型
- 揭示人类不可思议的内心世界
- 发掘我们脆弱但惊人的内在力量

这一生为何而来

海灵格自传·访谈录

[德] 伯特·海灵格 嘉碧丽·谭·荷佛 著

黄应东 乐竞文 译

张瑶瑶 审校

- 家庭系统排列治疗大师海灵格生前亲自授权传记，全面了解海灵格本人和其思想的必读著作

人间值得

在苦难中寻找生命的意义

[美] 玛莎·M. 莱恩汉 著

邓竹箐 [美] 薛燕峰 邬海皓 译

- 与弗洛伊德齐名的女性心理学家、辩证行为疗法创始人玛莎·M. 莱恩汉的自传故事
- 这是一个关于信念、坚持和勇气的故事，是正在经受心理健康挑战的人的希望之书

心理治疗的精进

[美] 詹姆斯·F.T. 布根塔尔 著

吴张彰 李昀烨 译

杨立华 审校

- 存在－人本主义心理学大师布根塔尔经典之作
- 近 50 年心理治疗经验倾囊相授，帮助心理治疗师拓展自己的能力、实现技术上的精进，引领来访者解决生活中的难题

创伤疗愈 & 哀伤治疗

心理创伤疗愈之道
倾听你身体的信号

[美] 彼得·莱文 著
庄晓丹 常邵辰 译

- 有心理创伤的人必须学会觉察自己身体的感觉，才能安全地倾听自己。美国躯体性心理治疗协会终身成就奖得主、体感疗愈创始人集大成之作

创伤与复原

[美] 朱迪思·赫尔曼 著
施宏达 陈文琪 译
[美] 童慧琦 审校

- 美国著名心理创伤专家朱迪思·赫尔曼开创性作品
- 自弗洛伊德的作品以来，又一重要的精神医学著作
- 心理咨询师、创伤治疗师必读书

拥抱悲伤
伴你走过丧亲的艰难时刻

[美] 梅根·迪瓦恩 著
张雯 译

- 悲伤不是需要解决的问题，而是一段经历
- 与悲伤和解，处理好内心的悲伤，开始与悲伤共处的生活

危机和创伤中成长
10 位心理专家危机干预之道

方新 主编 高隽 副主编

- 方新、曾奇峰、徐凯文、童俊、樊富珉、马弘、杨凤池、张海音、赵旭东、刘天君 10 位心理专家亲述危机干预和创伤疗愈的故事

哀伤咨询与哀伤治疗
（原书第 5 版）

[美] J. 威廉·沃登 著
王建平 唐苏勤 等译

- 知名哀伤领域专家威廉·沃登力作，哀伤咨询领域的重要参考用书

伴你走过低谷
悲伤疗愈手册

[美] 梅根·迪瓦恩 著
唐晓璐 译

- 本书为你提供一个“悲伤避难所”，以心理学为基础，用书写、涂鸦、情绪地图、健康提示等工具，让你以自己的方式探索悲伤，给内心更多空间去疗愈

当代正念大师
卡巴金作品

乔恩·卡巴金（Jon Kabat-Zinn）

博士，享誉全球的正念大师、“正念减压疗法”创始人、科学家和作家。马萨诸塞大学医学院医学名誉教授，创立了正念减压（Mindfulness-Based Stress Reduction，简称 MBSR）课程、减压门诊以及医学、保健和社会正念中心。

21 世纪普遍焦虑不安的生活亟需正念

当代正念大师
“正念减压疗法”创始人卡巴金
带领你入门和练习正念——

安顿焦虑、混沌和不安的内心的解药
更好地了解自己，看清我们如何制造了生活中的痛苦
修身养性并心怀天下

卡巴金老师的来信

Dear Mark:

Thank you for the beautiful notes that you included in the package of books (vol 1 and 4) that you send to me recently. I am very happy to hold them in my hands and enjoy the elegance of the designs of both the book covers and the interiors. They strike me as extremely inviting to the reader. Thank you.

Your notes did not include an email address, but Hui Qi Tong, copied here, kindly gave it to me, as I wanted to thank you personally for your kindness and all the great effort that went into producing them.

Thank you as well for the lovely poem of Hui Tai that you gifted to me. I actually included the last two lines of it in *Wherever You Go, There You Are*, which you also published, of course. I love that poem. It says it all. And I appreciate your translation every bit as much as the one I used.

Hui Qi also gave me a copy of the CMP edition of *Everyday Blessings*. My wife, Myla, and I were so happy to see it, and how beautifully designed it is as well. And very happy to see that you kept the dandelion imagery. I hope it proves inviting and helpful for parenting in China.

I am very touched to learn that in the process of editing these books, you have taken up your own mindfulness practice in the service of waking up to the actuality of things in the present moment. I am deeply touched to know that, because that is the whole purpose of my writings and my work in the world. As you say, "This moment is already good enough." And I would add, "for now."

With a deep bow and warm best wishes, and much gratitude,

Jon

亲爱的马克：

非常感谢你最近寄给我的中文版“正念四部曲”（《正念地活》《觉醒》《正念疗愈的力量》《正念之道》）以及随件附上的优美留言。手捧这些书，我深感欣慰，不仅为封面和内页的典雅设计而感叹，更因为它们对读者散发出的极大吸引力而心怀感激。

虽然你的留言中未附电子邮件地址，但童慧琦细心地向我提供了你的联系方式，使我能亲自向你表达谢意，感谢你和你的团队在这些图书的制作过程中所付出的巨大努力和无私的善意。

感谢你赠予我的无门慧开禅师的诗作。其实，我在《正念：此刻是一枝花》一书中引用了这首诗的最后两句，而这本书也是由贵社出版的。我深爱诗中的意境，它已然道尽一切。我对你的翻译倍感珍惜，丝毫不逊色于我所使用的版本。

慧琦还赠送了一本贵社出版的《正念父母心：养育孩子，养育自己》。我和我的妻子梅拉看到这本书的精美设计时，心中充满了喜悦，更为你保留了蒲公英意象而感动。我希望这本书能在中国的育儿方面发挥鼓舞和帮助的作用。

听闻你在编辑这些图书的过程中，也开始了自己的正念练习，以此唤醒当下真实的存在，我深感触动。因为这正是我在这个世界上写作和工作的全部目的。正如你所说，“此刻，已经足够美好”（this moment is already good enough）。我想我会补充一句，“正是当下的圆满”（for now）。

再次致以深深的敬意、祝福与我的感激。

乔恩·卡巴金

答案是，是恐惧这样说的。你内心中对自己不满的那部分无法面对生活的自然展开，因为后者不在你的控制之下。如果生活以一种刺激你内在问题的方式展开，那么，根据你的定义，它就是糟糕的。这个逻辑很简单：不干扰你的就是好的，而干扰你的就是不好的。我们总是根据我们的内在问题去定义我们外部经验的全部范畴。如果你想在精神上成长，你就必须改变这一点。如果你是根据你身心中最混乱的部分来定义天地万物的，那你还能指望天地万物是什么样子？它们看起来必定是一团糟。

随着你在精神上逐渐成长，你会认识到，试图保护自己不受问题的困扰其实会制造出更多的问题。如果你试图支配人物、地点和事件，以免它们干扰到你，你就会觉得生活在与你作对。你会觉得生活是一场斗争，每一天都很沉重，因为你必须控制每一件事情，与它们做斗争。这会带来竞争、嫉妒和恐惧，你会觉得任何人在任何时候都可能引起你的不安。他们只要开口说话，或是做一件事，你的内心就会立刻感到不安。这就使得生活成为一种威胁。这就是为什么你会如此忧心忡忡，为什么你的脑海里会出现那些令你困扰的对话。大多数时候，你不是在试图阻止事情发生，就是在因为事情确实已经发生了而拼命思考对策。你在与天地万物做斗争，这就使得天地万物成为你生命中最可怕的东西。

另一种选择是决心不与生活抗争。你意识到并且接受生活不受你控制这一事实。生活是不断变化的，如果你试图控制它，你将永远无法充分地活着。你会害怕生活，而不是好好地活着。可一旦你决定不与生活抗争，你就必须面对那些会促使你去抗争的恐惧感。幸运的是，你不必把这种恐惧藏在心里，有一种生活是没有恐惧的。为了理解这种可能性，我们必须对恐惧本身进行更深刻的理解。

当你的内心怀有恐惧时，生活中的事件总是会去激发它。就像一块被扔到水里的石头，不断变化的世界会在你内心的任何事物上激起涟漪，这毋庸置疑。你会在生活中遇到把你推向烦躁临界点的状况，而这些状况的产生都是为了消除被阻塞在你内心的事物。那些被阻塞和埋藏在你内心的事物形成了恐惧的根源。恐惧是由能量流中的阻塞物引起的。当你的能量被阻塞时，它就不能涌上来滋养你的心灵。因此，你的心灵会变得虚弱。当你的心灵虚弱时，它会受到较低层次的情感共鸣的影响，而层次最低的情感共鸣之一就是恐惧。恐惧是所有问题的起因。它是所有偏见、愤怒、嫉妒、占有欲等负面情绪的根源。如果你没有恐惧，你会非常快乐地生活在这个世界上，没有什么能烦扰你。你会愿意面对每一件事和每一个人，因为你的内心中不存在能够干扰你的恐惧。

灵性成长的目的是消除导致恐惧的阻塞物。除了消除阻塞物，还有一种方法是防止你的阻塞物受到刺激，这样你就不必感到恐惧。然而，要做到这一点，你就必须控制一切，以避免内心出现问题。很难理解为什么我们会认为避免内心的问题是一件可以靠智力做到的事，但是每个人都这么认为。每个人都在说："我会尽我所能维护我的想法。如果你说了任何令我烦扰的话，我会捍卫我自己。我会对你大喊大叫，让你收回你的话。如果你让我的内心感到任何烦扰，我会让你知道什么叫作后悔！"换句话说，如果有人做了什么激发你恐惧感的事情，你就会认为他们做错了事，然后你会尽你所能确保他们再也不会这样做。你会捍卫你自己，保护你自己，竭尽全力不让自己感到烦扰。

最终，你会变得足够明智，认识到你不想让那些念头留在你的内心。谁会刺激它们并不重要，什么情况会触发它们并不重要，它是否有意义并不重要，它看起来公平与否也不重要。不幸的是，我们中的大多数人并没有那么明智。我们并不是真的在努力摆脱那些想法的束缚，而是在试图证明保留它们是正当的。

如果你真的想获得灵性的成长，你就会意识到保留那些想法就等于使自己陷入困境。你会希望摆脱它们，不惜任何代价。然后你就会意识到生活其实是在帮助你。生活使各种能够激发你成长的人和情况包围着你。你不必判定谁是谁非。你不必担心别人的问题。你只需要在任何事情面前敞开心扉，让净化过程发生。这时，你将看到触发那些想法的情况展开。事实上，这一过程一直在你的一生中反复发生着。唯一的区别是，现在的你把它看作一件好事，因为它给你提供了一个放手的机会。

那些压抑你的想法会时不时地抬头。每到这个时候，你就应该放手。你只需允许痛苦进入你的心灵，然后从那里通过。如果你这样做，它就会过去。如果你在真诚地寻求真理，那么你每次都会选择放手。放手这一过程的起点和终点是你让自己完全投入到清空自己的过程中。当你努力这么做时，你将开始了解放手过程中的各种微妙定律。

在这场游戏中，有一条定律你很早就能了解，因为它是一条不可避免的真理。你很早就会知道它，但是你会在坚持它的过程中摔倒很多次。这条定律非常明确：当你的问题被触发时，立刻放手，因为以后放手只会更难。如果你去探索这个问题或者与它斗智斗勇，希望能借此减轻痛苦，它不会因此变得更容易解决。思考它，谈论它，或者尝试一次只释放它的一部分，它也不会变得更容易解决。如果你想让整个身心获得自由，你就必须立刻放手，因为问题今后绝不会变得更容易解决。

要遵守这条定律，你必须了解它的原理。首先，你必须觉知你内心深处有一些想法需要释放。其次，你必须觉知到，你是那个注意到这些想法正在涌上来的人，与你正在体验的这些想法是截然不同的。你注意到了它们，但是你是谁？居中的觉知所处的位置是见证者的位置，是自我的位置，你唯有待在这个位置才能够放手。假设你注意到你内心中的某样东西被触发了，如果你放手，继续待在觉知的位置上，你注意到的东西就会过去；如果你不放手，反而迷失在从心头升起的烦恼不安的感觉和想法中，你会看到一系列事件如此迅速地展开，以至于你都不知道是什么触发了你。

如果你不放手，你就会注意到你的心灵中受到激发的能量具有磁铁一般的效应，它有一种非常吸引人的力量，会把你的意识拉进去。下一刻你就会发现，你已不在原地。你将失去你最初注意到干扰时的那种觉知视角。你会离开客观觉知的位置，你本是在那里看到你的心灵开始做出反应的。你将被卷入来自你心灵的不断流动着的能量中。一段时间后，你才会回来，并且意识到你刚才离开了这里，完全迷失在了自己内心涌现的想法里。然后你就会希望在此期间自己的言行没有犯下任何会让你感到后悔的错误。

你会看一下时钟，已经过去 5 分钟，一小时，或者甚至一年了。你可能会在相当长的一段时间里失去清晰的思维。你去了哪里？你又是怎么回来的？我们很快就会解答这些问题，但真正重要的是，当你能看得很清楚时，你是不会去任何地方的。你只会坐在居中觉知的座位上，观看你的想法被触发。只要你在观看，你就不会迷失其中。

关键是要明白，如果你不立刻放手，那么被激活的能量的干扰性力量就会吸引你的意识焦点。当你的意识沉浸在干扰中时，你会失去清晰的自我位置。这是瞬间发生的，你不会产生去了任何地方的感觉，就好像当你全神贯注地看书或看电视节目时，你其实已经游离于你的房间之外了，你完全失去了意识的固着点，而你本来是以那个点为基础客观地觉知周围的一切的。你的意识离开了观看周围众多能量的居中位置，你的关注力被其中区区一种能量吸引了过去。

脱离自我的位置通常不是一种故意行为。事物的吸引力会导致其发生。意识总是会被吸引到最容易令人分心的对象那里：撞痛的脚趾，嘈杂的声音，或是受伤的心灵。人的内在与外部世界遵循的是同样的法则：意识会转移到最能分散其注意力的地方。当我们说“它太响了，引起了我的注意”时，就是这个意思。这声巨响把你的意识吸引到它那里了。阻塞物被触发时，也会产生同样的吸引力，意识会被吸引到不适感的源头，于是那个地方就成了你暂时的意识之座。当不适感平息下来，放你离开之后，你自然会慢慢回归层次更高的觉知之座。当你没有被干扰的时候，这里就是你的居所。但是，与这个层次更高的位置同样重要的是，你必须知道，当你被干扰时发生了什么——你的意识之座坠落到干扰发生的地方，于是整个世界看起来都不一样了。

让我们来一步步地分析这种坠落。当你被拖进混乱的能量场中时，坠落就开始了。你最终将掉到你不该去的地方。那下面是你最不希望意识落入的地方，但它正是要被拖到那里去。现在，当你透过被扰乱的能量向外看时，一切都被干扰产生的阴霾扭曲了。原先看起来很美的事物，现在看起来却很丑陋。原先你喜欢的事物，现在看起来却阴暗而压抑。但是其实并没有什么真正发生了改变，只是你是在从那个混乱的位置看待生活罢了。

你每一次看法的转变都是在提醒你放手。当你发现你不再喜欢以前喜欢的人了，当你发现你的人生面貌大不一样了，当一切都开始变得消极时——立即放手。你以前就应该放手，但是你没有。而现在放手变得更难了。你本可以深吸一口气，在事情刚开始的时候放手。但现在你需要非常努力，才能够在不经历整个循环过程的情况下回归先前的意识之座。

这个循环指从你离开相对清醒的位置的那一刻直到你回归所经过的时间。这段时间的长短取决于引起初始扰动的能量阻塞物的深度。一旦被激活，能量阻塞物就必须运行完它的流程。如果你不放手，你就会被吸进去。届时你将不再自由。一旦你从相对清醒的位置坠落，你就要听凭被扰乱的能量摆布了。如果阻塞物被一个持续的状况不断刺激，你就可能会在下面停留很长时间；如果阻塞物受到的刺激只是一次偶然事件，由阻塞物释放的能量立即消散了，那么你就会发现自己很快又漂回上面去了。关键在于，这一过程不受你的控制。你失控了。

以下是对坠落的剖析。当你处于这种混乱状态中时，你渴望采取行动，以努力解决问题。你的头脑没有清醒到能够看清楚发生了什么；你只想让干扰停止。于是你开始发挥你的求生本能。你可能会觉得你必须做一些极端的事情。你可能会考虑离开你的丈夫或妻子，或是搬家，或是辞掉你的工作。你的大脑开始说各种各样的话，因为它不喜欢这个空间，它想尽一切可能逃离它。

既然你已经落到了这般田地，现在我们就要进入最重要的部分了。想象一下，当你在被扰乱的能量中迷失时，你实际上会做一件或多件你的大脑让你做的事情。想象一下，如果你真的辞职，或者你认定“我已经忍得够久了，我要向他表明不满”，会发生什么事情。你根本不知道这是向下迈了多么大的一步。你的内心发生扰动是一回事，可一旦你允许它表达出来，一旦你开始让你的能量摆布你的身体，你就已经降到了另一个层次。此时你几乎已经不可能放手了。如果你开始对某人大喊大叫，如果你真的在这种不清醒的状态下告诉某人你对他的感觉，那么你就已经把那个人的心灵和思想牵扯到你的想法中了。现在你们两个人的自我都被牵扯进来了。一旦你把这些能量表露出来，你就会想为自己的行为辩护，让它们看起来恰如其分，但对方永远不会认为它们恰如其分。

现在甚至有更多的力量在压制你。你首先会陷入黑暗，然后你会显现出那种黑暗。当你这样做时，你实际上是接受了阻塞物的能量并将它传递了下去。当你将自己的想法投进这个世界，你也在用你的想法描绘这个世界。你把更多那样的能量投入到你的环境中，它们就会反噬你。你周围的人全都会以相应的方式与你互动。这完全是另一种形式的“环境污染”，它会影响到你的生活。

消极循环就是这样发生的。你拾取自己的一个想法，它只不过是过去形成的某种根深蒂固的干扰，然后把它植入了你周围人的心里。到了一定时候，它就会对你进行反噬。你输出的任何事物都会归返。想象一下，如果你在沮丧的时候将被扰乱的能量完全释放到另一个人身上会怎么样。人们就是这样毁掉他们的人际关系和生活的。

你能坠落到多深的地方？一旦你变虚弱了，另一个阻塞物就可能被触发，然后是再一个。你可能会一路坠落，直到你的生活变得不能更糟。你可能达到完全失去控制、完全失去理智的程度。在这种状态下，你可能偶尔会回到先前的清醒状态，但是你无法维持。你已经迷失了。心灵中区区一个阻塞物被触发就会导致持续一生的坠落。你是不是对此感到怀疑？但众所周知，这样的情况的确发生过。

如果你只需一开始就放手即可避免这一切呢？如果你这么做了，你就会上升而不是坠落。阻塞物被触发是一件好事。此时敞开内心并释放被阻塞的能量恰逢其时。如果你放手，并且让内心启动净化过程，被阻塞的能量就会被释放。当它被释放并得以向上流动时，它就会得到净化，并重新融入你的意识中心。于是这种能量会增强你，而不是削弱你。你会开始不断向上，越来越高，并了解到提升的秘诀。提升的秘诀就是永远不要低头——永远向上看。

不管你的下方发生了什么，你的眼睛要向上看，心灵要放松。你不必为了应对黑暗而离开自我的座位。只要你允许，你的心灵会自我净化。卷入黑暗之中并不能驱散黑暗，只会滋养黑暗，所以千万别转向黑暗。如果你发现你的内心中有被扰乱的能量，没关系。不要以为你已经没有阻塞物需要释放了。你要稳居觉知的位置，绝不能离开。不管发生了什么，开放心灵，让它过去。你的心灵会变得纯洁，你将再也不会经历另一次坠落。

如果你在中途跌倒了，就爬起来，忘记它，用这次教训来巩固你的决心，立刻就放手。不要去理论，去责备，或是试图解决它。不要做任何事，只要立即放手，让能量回到它所能达到的最高意识中心。如果你感到羞耻，让它过去。如果你感到恐惧，让它过去。它们都是被阻塞能量的残余，它们终将得到净化。

一旦你觉知到自己没有放手，就要立刻放手。不要浪费时间，利用这些能量去实现提升。你是一个了不起的生命，被给予了巨大的机会去超越自我、进行探索。这整个过程是非常激动人心的，其中会有开心的时候，也会有不开心的时候。各种事情都会发生，这就是旅途的乐趣。

所以不要坠落，要放手。不管遇到什么，都要放手。你遇到的事情越大，放手的回报越高；而如果不放手，你会摔得很惨。这件事情非黑即白：你要么放手，要么不放手，两者之间没有任何其他选择。所以就让你所有的阻塞物和干扰都成为旅途中的燃料吧。压制你的事物可以成为一种强大的力量，把你托举起来，只是你必须愿意走上提升的道路。

第 9 章

拔除内心的棘刺

灵性成长的旅程是一个不断转变的旅程。为了成长，你必须放弃努力保持原样，并学会随时接受改变。需要改变的最重要的领域之一就是我们解决个人问题的方式。我们通常试图通过自我保护来解决内心的烦扰，而真正的转变始于你将自身问题视为成长的动力。为了理解转变的过程是如何进行的，让我们来试想一下以下情形。

想象一下你的手臂上有一根棘刺，它可以直接触碰到神经。当棘刺被触碰到时，你会觉得很痛。所以棘刺构成了一个严重的问题。你很难入睡，因为你翻身时会碰到它。你很难接近他人，因为他们可能会碰到它。它使你的日常生活变得非常困难。你甚至不能去树林里散步，因为树枝可能会拂到棘刺上。这根棘刺是一个持续的干扰源，要解决这个问题，你只有两个选择。

第一个选择是审视你的处境，由于当棘刺被触碰到时你会非常烦恼，你决定日后要确保没有任何东西能够触碰到它。第二个选择是，由于当棘刺被触碰到时你会非常烦恼，你决定把它拔出来。信不信由你，你做出的选择将决定你的余生会如何度过。这是为你的未来奠定基础的核心层面的、结构性的选择之一。

让我们从第一个选择入手，探索它会如何影响你的生活。如果你决定阻止其他事物触碰到棘刺，那么这将成为你一生的工作。如果你想去树林里散步，你就必须把树木变得稀疏，以确保自己不会碰到树枝。由于你睡觉时经常翻身，会碰到棘刺，你必须找到相应的解决办法，比如设计一个能起到保护作用的装置。如果你真的对此倾注了大量精力，而且你的办法似乎奏效了，你会认为自己的问题已经得到了解决。你会说："我现在可以睡觉了。我甚至想去电视节目里推荐我的保护装置。任何有棘刺问题的人都用得上我的保护装置，我甚至可以赚到发明使用费。"

于是，现在你的全部生活都是围绕着棘刺建立起来的，你为此感到骄傲。你不断地修剪树木的枝条，晚上穿戴着那个装置睡觉。但你又遇到了一个新问题——你恋爱了。这是一个难题，因为根据你的情况，你连拥抱都很难实现。没人能碰你，因为他们可能碰到你的棘刺。所以你又设计了另一种装置，允许人与人之间保持亲近，但又不需要真正进行接触。最后你决心实现在不必担心棘刺的情况下的完全的行动自由。于是你发明了一个全天候装置，你晚上不需要脱下它，也无须为了进行拥抱以及其他日常活动而换装。但是它很重。于是你给它装上了轮子，用液压机控制它，并配置了碰撞传感器。这实际上是一台相当惊人的装置。

当然，你得把房门都换了，这样保护装置才能通过。但至少现在你可以安心过你的日子了。你可以工作、睡觉、和别人亲近。于是你向所有人宣布："我已经解决了我的问题。我是一个自由的人。我可以去任何我想去的地方，做任何我想做的事。以前这根棘刺主宰了我的生活，现在它什么都做不了了。"

但事实却是，棘刺主宰了你的全部生命。它影响着你的所有决定，包括你去哪里，你喜欢和谁在一起，以及谁喜欢和你在一起。它决定了你可以在哪里工作，你可以住什么样的房子，以及你晚上可以睡什么样的床。归根结底，那根棘刺主宰着你生命的方方面面。

事实证明，将一生用于保护自己不受问题困扰，这非常完美地反映了问题本身。你没有解决任何问题。如果你不解决问题的根源，只是试图保护自己不受问题困扰，那么问题最终会主宰你的生活。最终，你会在心理上过分沉溺于这个问题，以至于只见树木，不见森林。你会真心以为，你已经把问题造成的痛苦降到最低，所以你已经解决了问题。但其实问题并没有得到解决，你所做的不过是把生命消耗在逃避问题上。问题将成为你的宇宙中心，你世界中唯一的存在。

在人的一生中，孤独就像棘刺。假设你的内心中有着非常深刻的孤独感，以至于让你晚上睡不着觉，白天也很敏感。你的内心很容易感到剧痛，使你相当困扰。你很难集中精力工作，也很难与人进行日常交流。更有甚者，当你感到很孤独的时候，你往往会很难接近别人。你看，孤独就像棘刺，它会给你生活的方方面面带来痛苦和困扰。但人的心灵不只有一根棘刺。我们对孤独，对被拒绝，对我们的外表，对我们的精神造诣都很敏感。我们带着许多棘刺生活在这个世界上，它们就抵在我们内心最敏感的地方。任何时候都可能有东西触碰到它们，引起我们内心的痛苦。

关于如何处理这些内心的棘刺，你也有两种选择，就像处理手臂上的棘刺一样。很显然，把棘刺拔出来对你来说会好得多。既然能把棘刺拔出来，就没有理由耗尽一生去防止它被触碰。一旦棘刺被拔掉了，你就真的摆脱它了。但是如果你选择保留它们并且试图不被它们烦扰，你就必须改变你的生活，以避免那些会触碰它们的情况发生。如果你很孤独，你就必须避免去那些情侣们喜欢去的地方。如果你害怕被拒绝，你就必须避免与人太亲近。然而，这样做与修剪树木无异。你在试图调整你的生活，以适应你的棘刺。棘刺原本属于外部世界，现在却成了你内在世界的中心。

当你孤独的时候，你会发现自己总会思考该如何应对它。你该说些什么或做些什么才能让自己不感到如此孤独？注意，你不是在思考该如何摆脱这个问题，而是在思考该如何避免自己受它影响。为此，你不是逃避各种情况，就是将各种人物、地点和事物作为保护盾。最终，你会像那个长着棘刺的人一样，孤独会主宰你的全部生活。你会与一个让你感觉不那么孤独的人结婚，你会认为这很自然、很正常。但这与避免棘刺之痛而非将它拔除的做法是完全一样的。你没有消除孤独的根源，你只是试图保护自己，不让自己感受到它。如果有人去世或者离开你，孤独会再次困扰你。当外部环境无法使你不受内心事物侵扰时，问题就又回来了。

如果你不拔掉棘刺，你就得对棘刺以及你为了避免它而牵扯到的周围的一切事物负责。如果你有幸找到了一个能够让你减轻孤独感的人，你就会开始操心如何和这个人保持关系。就这样，由于逃避问题，你使这件事情复杂化了。这与使用设备来防止棘刺被触碰完全是一回事：你必须据此调整你的生活。一旦你允许核心问题继续存在，它就会扩展成许多问题。你不会想到要摆脱它，相反，你能看到的唯一解决办法就是尽量避免感觉到它。现在你别无选择，只能去解决任何可能影响它的事物。你必须操心你的衣着和谈吐。你必须担心别人对你的看法，因为这可能会影响你的孤独感或对爱的需求。如果有人被你吸引，而这能减轻你的孤独感，你甚至可能会向对方坦言：“我需要怎么做才能取悦你？我可以变成你喜欢的任何样子。我只是不想再时时感到孤独了。”

现在，操心这段关系成了你的一个负担。这会使你产生潜在的紧张感和不适感，甚至可能影响你的睡眠。然而，事实上，你体验到的不适感并不是孤独感，而是没完没了的思虑：“我说对话了吗？她真的喜欢我吗？还是我自作多情？”现在问题的根源被埋在了这些浅层次的问题下面，而这些浅层次问题的出现都是为了逃避更深层次的问题。一切都变得非常复杂。人们学会了利用他们的关系来隐匿他们的棘刺。如果你们喜欢对方，就得调整自己的行为，以避免撞到对方的软肋。

这就是人们通常的做法。他们让内心的棘刺影响到了自己的行为。他们最终会限制自己的人生，就像那些带着手臂上的棘刺生活的人一样。说到底，如果你的内心存在着会干扰你的事物，你就必须做出选择。你可以转向外部世界，以避免感觉到它；也可以直接拔出棘刺，不让你的生活围着它运转。

不要怀疑自己消除内心干扰源的能力。它确实可以消失。你可以深入观察自己的内心，直到它最核心的部分，然后做出决定：不让自己最脆弱的部分主宰自己的人生。你要摆脱它。你希望你和别人交谈是因为你觉得他们有趣，而不是因为你孤独。你希望你和别人建立关系是因为你真心喜欢他们，而不是因为你需要他们喜欢你。你希望你坠入爱河是因为你真心爱上了对方，而不是因为你需要逃避内心的问题。

你该如何解放自己？在最深层次的意义上，你得通过发现自己来解放自己。你不是你感觉到的痛苦，也不是周期性地感到压力过大的那部分你。这些干扰都与你无关，你是注意到这些干扰的人。因为你的意识是独立的，并能觉知这些事物，所以你可以解放自己。要摆脱内心棘刺的束缚，你只需停止与它们纠缠。你越是触碰它们，就越会刺激它们。由于你总是做一些事情来避免感觉到它们，它们没有机会自然而然地得到解决。如果你愿意，你完全可以先让烦扰之情涌上来，然后对它们放手。你内心的棘刺只是来自过去的被阻塞的能量，所以它们是可以被释放的。问题是，你之前总是要么完全避开可能使它们释放的情况，要么以保护自己的名义压抑它们。

假设你正坐在家里看电视。你一直看得很开心，直到两个主角坠入爱河。突然间，你感到孤独，但周围没有人给予你关注。有趣的是，几分钟前你还好好的。这个例子表明，棘刺一直在你的心里，它只是没有被激活而已，直到有东西触碰到它。你感觉心中顿时产生了一种空虚感或坠落感。这种感觉让你非常不舒服。接着，一种软弱感涌上你的心头，你开始回忆其他时候独自一人的体验，以及那些伤害过你的人。过去储存的能量从心中释放出来，引起了很多思绪。这时，你不再从电视中获得快乐，而是一个人坐在那里，沉浸在思绪和情感的潮水中。

除了吃点东西、打电话给某人，或是做点其他能让自己平静下来的事情，你还能如何解决这个问题呢？你能做的是注意到你注意到了。你可以注意到你的意识刚才在看电视，而现在它正在观看你内心的夸张情节剧。这一切的观者是你，是主体。而你观看的事物则是客体。空虚感是一种客体，它是你感觉到的事物。但谁是感觉者呢？你的出路就是注意到是谁注意到了这一切。这比装着滚珠轴承、轮子和液压机的保护装置要简单得多。你要做的就是注意到究竟是谁感觉到了孤独。能注意到的人就是自由的。如果你想摆脱过去储存的能量，你必须允许它们通过，而不是把它们藏在内心深处。

从你小时候起，你的内心就充满了能量。你得清醒过来，意识到你就在那里面，意识到你的内心中还有一个敏感的人与你相伴。单纯地观看敏感的那部分你感到不安、嫉妒、需要和恐惧。这些感觉只是一个人本性的一部分。如果你集中注意力，就会发现它们并不是你：它们只是你感觉和体验到的事物，而你是觉知这一切的内在存在。如果你保持冷静，你甚至可以学会欣赏和尊重哪怕是令人不满的体验。

例如，一些最美丽的诗歌和音乐就是由处于混乱状态的人创造出来的。伟大的艺术源自人的内心深处。你可以体验这些非常人性化的状态，但并不迷失于其中或是抗拒它们。你可以注意到你注意到并单纯地观察了孤独是如何影响你的。你的姿势改变了吗？你的呼吸放慢还是加快了？当孤独获得所需的空间，从而能通过你时，会发生什么？你要做一名探索者。观察它，然后它就会消失。只要你不沉溺于其中，这一体验很快就会过去，别的体验会接着出现。尽情享受这一切吧。如果你能做到这一点，你就自由了，一个纯粹能量的世界将在你的内心开启。

你越是能坚守自我的位置，就越能感受到一种你从未体验过的能量。它源自后方，而不是前方，前方是你体验你的思想和情感的地方。当你不再沉溺于你的夸张情节剧中，而是舒服地坐在觉知之座上，你会开始感觉到这股从内心深处涌出来的能量流。这种能量流被称为沙克蒂，也被称为精神。如果你坚守自我，而不追随内心的烦扰，你就会开始体验它。你不必摆脱孤独，你只需停止和它纠缠。它只是宇宙中的又一个事物罢了，就像汽车、小草和星星。它不关你的事，所以放手吧，这才是自我应该做的事。觉知不与烦扰战斗；觉知释放烦扰。觉知只是觉知到宇宙中的一切从它面前经过。

如果你坚守在自我之中，那么即使你的心灵感到虚弱，你也能体验到你内在的力量。这就是道的本质，是心灵成长的源泉。一旦你懂得，感觉到内在的烦扰并无不妥，而且它们今后不再能干扰你的意识之座，你就自由了。你将开始获得来自后方的内在能量流的支撑。当你体验过内在能量流带来的狂喜后，你将从容地行走在这个世界上，不会再受到任何事物的干扰。这样你就成了一个自由的存在——你超越了。

第 10 章

为你的心灵窃取自由

获得真正的自由的先决条件是，你决心不再受苦。你必须决心享受人生，你没有理由去忍受压力、内心的痛苦或恐惧。我们每天都在承受一种我们不该承受的负担。我们害怕自己不够好，或是会失败。我们感到不安全、焦虑以及局促不安。我们害怕别人会背叛我们、利用我们或不再爱我们。所有这些都给我们带来了巨大的负担。当我们试图建立开放而充满爱的关系时，当我们试图取得成功和表达自我时，我们的内心都会有一种负重感，这种负重感就是对痛苦、悲痛或悲伤体验的恐惧。每天，我们要么感受它，要么阻止自己感受它。这是一种核心的影响，以至于我们甚至都没有意识到它有多普遍。

当佛陀说所有的生命都在受苦时，他所指的正是这一点。人们不明白自己在受多大的苦，因为他们从来没有体会过不受苦的滋味。为了意识到这一点的重要性，想象一下如果你和你认识的所有人都从未健康过，那会是怎样的场景：每个人都一直患有重大疾病，严重到几乎不能下床，所有事情都必须在床边做，不然就没法完成。如果是这样的话，人们就不会知道还有其他的活法。他们必须耗尽自己的能量，费力地拖着身体行动，也无法理解健康和活力的概念。

思想和情感能量也会造成的后果，这些能量构成了你的心理世界。你内心的敏感将你暴露在一个又一个不断变化的情况中，使你在不同程度上受苦。你要么试着通过控制环境来避免受苦，要么担心未来仍会受苦。这种情况很普遍，以至于你总是视而不见，就像鱼儿看不见水一样。

只有当情况变得比平时更糟时，你才会注意到自己正在受苦。只有当情况变得太糟糕，以至于已经开始影响你的日常行为时，你才会承认自己遇到了问题。但事实上，你在日常生活中一直会遭遇心理问题。要真正看清这一点，可以将你与你思想的关系和你与你身体的关系进行一番比较。在正常、健康的情况下，你不会考虑你的身体，你只会专注于处理自己的事情——走路、开车、工作、玩耍，而不会关注它。只有在身体出问题的时候，你才会想它。与此形成鲜明对比的是，你总在考虑你的心理健康状况。人们总是在想：“如果我陷入困境会怎么样？我该说什么才好？如果我没有准备好，我会很紧张。”这就是在受苦。那种持续的、焦虑的内心交谈是受苦的一种形式："我真的可以信任他吗？如果我向他表露自己而被利用了呢？我再也不想经历那样的事了。"这就是因为不得不无时无刻考虑自己而产生的痛苦。

为什么我们不得不无时无刻考虑自己？为什么会有那么多关于"作为主体的我""作为客体的我"以及"我的所有物"的想法？看看你是多么频繁地在考虑自己的境况、自己的喜好，以及该如何重新安排这个世界以取悦自己。你会这样想是因为你的内心不健康，你一直在努力让自己感觉好一点。如果你的身体有很长一段时间不健康，你会发现自己一直在考虑该如何保护它，如何让它感觉更好。而你的心理正在遭遇同样的状况。你如此频繁地考虑你的心理健康，唯一的原因就是你的心理已经病了很长时间了，你的内心其实很脆弱，几乎任何事情都可以让你心烦意乱。

为了结束苦难，首先你必须认识到你的心理不健康。然后你必须承认它不一定非得是这样发展，它可以是健康的。能够意识到你不必忍受或是保护你的心理状态，这其实是天赐之福。你不必一直考虑你说的话或某个人对你的看法。如果你一直在担心这些事情，你过的将是怎样一种生活？内心的敏感是心理不健康的一个症状，就像当身体不舒服时就会发出疼痛信号或表现出其他症状一样。疼痛不是坏事，它是身体和你说话的方式。当你吃得过多时，你会胃痛；当你的手臂承受的压力过大时，它也会开始痛。身体通过它的通用语言——疼痛来进行交流，你的内心则通过它的通用语言——恐惧来进行交流。害羞、嫉妒、不安全感、焦虑都是恐惧的表现。

如果你虐待动物，它就会害怕。你的内心也在遭遇同样的事情。你赋予了它一种不可理喻的责任，这是对它的虐待。现在停下来审视一下你让你的大脑做了什么。你对你的大脑说："我希望每个人都喜欢我。我不希望任何人说我的坏话。我希望我说的每一句话和我做的每一件事都能被所有人接受和喜欢。我不希望任何人伤害我。我不希望发生任何我不喜欢的事，而且我希望我喜欢的每件事都发生。"然后你说："大脑，想办法实现我所有的愿望，即使你不得不为此日夜思考。"当然，你的大脑会说："交给我吧，我会不停地努力的。"

你能想象吗？大脑必须努力将你所说的每一句话都以正确的方式表达出来，让别人用正确的方式接受它们，并且让它们对每个人都产生正确的影响。它必须确保你所做的每一件事都被正确地诠释和看待，并且没有人会做任何伤害你的事。它必须确保你得到你想要的一切，并且你永远也不会遭遇你不想要的事物。大脑一直在试图向你建议如何让一切都好起来，这就是为什么大脑会如此活跃——因为你交给了它一个不可能完成的任务，相当于指望你的身体拔起树木和一步跳过一座大山。如果你一直拼命让身体做它做不到的事情，它是会生病的。心理崩溃也是这个道理。身体崩溃的前兆是疼痛和虚弱感，心理崩溃的前兆则是潜在的恐惧和持续不断的神经质思维。

你必须清醒过来，承认你内心出了问题。静心观察，你就会发现你的大脑一直在告诉你该做什么。它告诉你要去这里，而不是那里；要说这个，而不是那个；该穿什么，不该穿什么。它从未停止过。你高中时它不就是这样吗？你初中和小学时它不也是这样的吗？它不是一直都是这样的吗？时刻担心自己是一种受苦的形式。但是你该如何解决这个问题？你该如何让它停止呢？

大多数人试图通过在他们一直在玩的外部游戏中获胜来解决内心的问题。如果我们拍下我们内心问题的快照，就会发现每个人都有我们所说的“当前的问题”，即在任何特定时刻最让他们困扰的事情。当第一个问题不再困扰他们时，第二个问题就会出现；当第二个问题不再困扰他们时，第三个问题又会出现。你的想法就是围绕着这些问题展开的，它们往往集中在今天困扰着你的事情上。你会思考这个问题，思考它为什么会困扰你，以及你能为此做点什么。如果你不做点什么，它就会在你的余生中一直持续下去。

你会发现你的大脑总是在告诉你，为了解决你内心的问题，你必须改变一些外在的事物。但如果你是聪明人，你就不会去玩这个游戏。你会意识到你的大脑给你的建议是被心理学损害了的建议。你大脑的思维被它的各种恐惧扰乱了。在这个世界上，你最不该听从的建议就是由被扰乱的大脑提出的建议。你的大脑实际上会误导你。每次它告诉你“如果这次我能获得晋升，我会感觉很好，并且可以重新开始我的生活”后，它的许诺成真了吗？在你获得晋升之后，它是否让你的所有不安全感消失，并能让你在余生中实现经济上的满足？当然不是。唯一的结局就是下一个问题又浮出了水面。

一旦你看到了这一点，你就会认识到大脑存在着一个潜在的严重问题：它所做的只是营造可能使情况变得更令人舒适的外部环境而已。但外部环境并不是导致内部问题的原因，改变外部环境仅仅是解决问题的一种尝试。例如，如果你的内心存在孤独感和缺失感，那么这并不是因为你还没有建立起某种特殊的关系。后者并不是问题的诱因。建立关系只是你解决问题的尝试。你所做的只不过是想看看这种关系能否平息你内心的不安。如果不能，你就将尝试其他办法。

但事实是，外部变化无法解决你的问题，因为它们无法解决问题的根源。问题的根源在于，你在内心深处觉得自己不圆满、不完整。如果你不能正确识别问题根源，你就会去寻找某人或某事来掩盖它。你将躲藏在财富、人物、名誉、崇拜后面。如果你试图找到一个合适的人来爱你、崇拜你，并且也成功了，那么你实际上是失败了。你没有解决你的问题，你所做的就是把那个人也卷入你的问题中。这就是为什么人们会在人际关系上遇到那么多麻烦。一开始你自己的内心出现了一个问题，然后你试图通过和别人交往来解决这个问题。这段关系会出现问题，正是因为是你的问题导致了这段关系的缔结。一旦你退后一步，敢于诚实地看待这段关系，就很容易看明白这一点。

既然我们已经了解了失败的含义，现在我们再来定义一下成功。成功之于心理的意义相当于健康之于身体的意义。成功意味着你再也不必考虑你的心理了。自然健康的身体会在你做自己的事情时做它该做的事，你永远不必考虑它。同样地，当你心理健康时，你永远不需要考虑怎样才能好起来，怎样才能不害怕，或是怎样才能感觉到被爱。你不需要把自己的生命都消耗在心理问题上。

想象一下，如果你内心中没有那些神经质的个人想法，你的人生会是多么有趣！你可以享受各种事物，你可以真正了解他人，而不是需要他人。你可以单纯地生活，体验人生，而不是试图用整个人生来解决你内心的问题。你有能力达到这种状态，而且何时达到都不会太晚。

目前，你和你的心理之间的关系就像是一种成瘾症。它不断地向你提出要求，而你则不得不把你的人生奉献出来，去满足这些要求。如果你想获得自由，你就必须学会像对待其他成瘾症一样对待它。例如，吸毒者有能力参加戒毒，停止吸毒，以后再也不吸毒。也许这并不容易，但他们的确有能力这么做。心理上的成瘾症也是如此。聆听自己没完没了的心理问题是一件很荒谬的事，你有能力终止它。你可以在早晨醒来，对接下来的一天充满期待，而不去担心会发生什么。你的日常生活可以像度假一样。工作可以是有趣的，家庭生活可以是有趣的，你可以享受这一切。这并不意味着你没有全力以赴，你只不过是在快乐地全力以赴而已。然后，晚上睡觉时，你会让一切都过去。你不会因为生活而紧张担心。你实际上是在过生活，而不是害怕生活或是与它做斗争。

你可以过一种完全没有心理恐惧的生活，只要你知道如何去做——停止。让我们以戒烟为例。说到如何戒烟，关键词是“停止”，这并不难理解。使用什么戒烟贴片并不重要；说一千，道一万，你必须停止吸烟。停止吸烟的方法就是停止把香烟放进嘴里，其他所有技术都只是你认为会有帮助的方法罢了。说到底，你要做的只是停止把香烟放进嘴里。如果你做到了，你就一定能停止吸烟。

你得用同样的方法来摆脱心理混乱。你得停止告诉你的大脑它的工作是解决你的个人问题。这项工作破坏了大脑，扰乱了你的心理状态。它造成了恐惧、焦虑以及神经症。你的大脑对这个世界几乎没有任何控制力。它既不是全知的，也不是万能的。它不能控制天气和其他自然力，也不能控制你周围所有的人物、地点和事物。你赋予了你的大脑一项不可能完成的任务，要求它操纵这个世界以解决你个人的内在问题。如果你想获得健康的生存状态，就别再要求你的大脑完成这个任务。当你的大脑不必再确保每个人和每件事都像你需要的那样发展，你内心就会感觉好一点。大脑不适合做这种工作，将它炒鱿鱼吧，同时也放下你内心的问题。

你可以和你的大脑保持一种不同的关系。每当它开始告诉你应该做什么或不应该做什么，以便让世界符合你先入为主的观念时，别听它的。就像戒烟一样，不管你的大脑说什么，你都不能拿起香烟将它放进嘴里。无论你是刚吃过晚饭，还是感到焦虑、觉得需要抽烟，不管你有什么理由，你的手都不可以再碰香烟。同样，当你的大脑告诉你你需要做些什么才能让内心的一切好起来时，不要相信它说的话。事实是，只要你接受一切，一切自然都会好的，而且也唯有如此才能诸事皆好。

别再指望大脑能解决你内心的问题。这是一切的核心与根源。你的大脑并没有犯下罪过。事实上，它是无辜的。大脑只是一台计算机，一个工具。它可以被用来进行伟大的思考，解决科学问题，为人类服务。但是你在迷惘状态下让它花时间为你个人化的内心问题思考外部解决方案，你这是在试图用擅长分析工作的大脑保护自己，使自己在生活自然展开的进程中不受伤害。

通过观察你的大脑，你会发现它正忙着使一切都好起来。你要有意识地记住这不是你想要的，然后渐渐地脱身。千万不要与你的大脑做斗争。你永远都不会赢的。它要么会立即打败你，要么会暂时被你压制，日后卷土重来打败你。不要和你的大脑搏斗，不参与其活动。当大脑告诉你应该如何安排世界和世界上的每一个人以满足你自己时，不要听它的。

关键是要安静。这不是说你的大脑必须安静，而是说你要安静。你是在内心观看大脑的神经质表现的那个人。你要放松，然后你会自然而然地停留在大脑的后方，因为你本就一直待在那里。你不是正在思考的大脑，你只是觉知到了正在思考的大脑。你是大脑后方的意识，你觉知到了思想。当你停止把全部心灵投入到大脑中，不再把大脑当作你的救世主和保护者，你会发现自己正在大脑的后方看着它。这样你就可以了解你的思想了，你可以在内心观看它们。最终，你将能够只是静静地坐在那里，有意识地观察大脑的活动。

一旦你达到这种状态，你与大脑之间的问题就解决了。当你停留在大脑的后方时，你，也就是觉知，是不参与思考过程的。你只是看着大脑思考。你只是在那里，觉知到你在觉知着。你是内在的存在，是意识。意识不是你必须思考的事物，你就是它。你可以观看大脑的神经质表现，而不参与其中。只要你这么做，就能让烦扰不安的大脑停下来。大脑之所以在运转，是因为你在通过你的关注给它充电。失去你的关注，大脑就会减少思考。

从小事开始。假设有人对你说了一些你不喜欢听的话，或者更糟的是，他根本不把你放在眼里。比如，你在路上看到一个朋友，向他打招呼，但他却没有理会你，而是径直离开了。你不知道他是没听到你说话，还是故意无视你。你不知道他是不是在生你的气，或是发生了什么事。你的大脑开始疯狂运转。这时候你就得做一次现实检验了！这个星球上有几十亿人，其中一个人没有和你打招呼。你接受不了这一现实，这合理吗？

利用日常生活中发生的小事来释放自己。在上文的案例中，你只需选择不参与你的心理活动。这不意味着要求你的大脑不再绕着圈子思考发生的事情，而意味着你已经准备好了，你愿意并且也能够观看你的大脑创造它那小小的夸张情节剧。你可以观察它发出的所有关于你有多受伤，别人怎么可以如此伤害你的吵闹声，观察大脑如何形成对策。想到这一切的起因只是有个人没和你打招呼而已，你会感到不可思议。这的确令人难以置信。遇到这样的事件，你只需观察大脑的谈话，保持放松，不断释放，坚守在这些声音的后方。

坚持这样处理每天都会发生的小事。这是需要你在内心深处做的一件非常私密的事情。你很快就会发现，你的大脑一直在无事生非，逼得你要发狂。如果你不想这样，就不要把能量投入你的心理活动。事情就是这么简单。这样一来，你唯一要做的就是放松和释放。当你看到内心中发生的这些事情，你只需放松肩膀，放松心灵，然后坚守在它们后方。不要触碰它们，不要卷入其中，也不要试图阻止它们。只要觉知你正在看着它们即可。这就是你的出路，你只需要放手。

你要经常提醒自己观察自己的心理状态，以便开始这段通往自由的旅程，这样你就不会迷失在其中。由于对个人思维的上瘾是一个主要问题，所以你必须确立一种方法来提醒自己。一些非常简单的觉知练习，只需要花一秒钟去做，但却能帮助你在大脑的后方保持居中状态。每当你上车，在座位上坐定时，花一点时间想一想你正在浩渺太空中的一颗行星上旋转；然后提醒自己，你不会参与自己的夸张情节剧。换句话说，你要立刻对脑海中正在发生的一切放手，提醒你自己，你不想玩大脑的游戏。之后，在你下车之前，把同样的事再做一遍。如果你真的想保持冷静，你也可以在拿起电话或打开一扇门之前这样做。你不需要改变任何事情。你只需要注意到你注意到了。就像清点库存，查看自己的心灵、大脑、肩膀等情况如何。你要在日常生活中设置触发点，帮助你记住自己是谁，以及你的内心中发生了什么。

这些练习可以帮助你的意识居中。最终，你将拥有持续居中的意识。持续居中的意识就是自我之座。在这种状态下，你总能意识到自己是有意识的。你永远不会有未充分觉知的时刻。那里，你将不需要刻意努力，不需要刻意做任何事，你就在那里，觉知到思想和情感正在你的周围被创造出来，而世界就在你的感官面前展开。

最终，你的能量流的每一个变化，无论是思想的激荡还是心灵的转变，都会提醒你，你正待在后方注视这一切。现在，曾经压抑你的事物变成了唤醒你的事物。但首先你必须足够安静，这样你的内心才不会那么忙碌活跃。这些触发点有助于提醒你保持居中，最终你会变得足够安静，能够单纯地观看心灵的反应，并在大脑开始活跃之前放手。在这段旅程中的某个时刻，对你而言最重要的事物会变成心灵，而不是大脑。你会发现大脑追随着心灵，心灵会在大脑开始说话之前做出反应。在你意识清醒的时候，你内心能量的转换会让你瞬间觉知到你正在后方注视这一切，大脑甚至都没有机会启动，因为你已经在心灵的层面放手了。

现在你已经上路了。先前束缚你的事物现在正在帮助你解脱，你必须竭尽全力为自己争取有利条件。学会放手，你就可以解放自己的能量，从而解放你自己。你其实有能力在你的日常生活中，通过把自己从心理束缚中解放出来，为自己的灵魂窃取自由。这种自由是如此伟大，以至于被赋予了一个特殊的名字：解放。

第 11 章

痛苦是自由的代价

真正的灵性成长和深层的个人转变的基本要求之一就是与痛苦和睦共处。没有变化就没有发展或进化，而变化并不那么令人舒服。变化包括挑战我们熟悉的事物和大胆质疑我们对安全、舒适和掌控的惯常需求。这种经历通常会令人感到痛苦。

熟悉这种痛苦是你成长过程的一部分。尽管你可能并不喜欢内心的不安，但如果你想知道那些不安的感觉从何而来，你就必须静静地在内心面对它们。一旦你能面对纷扰，你就会意识到你的内心深处有一层痛苦。这种痛苦强烈地煎熬着你、挑战着你，破坏着你的自我，以至于你一生都在逃避它。你的整个人格是建立在存在方式、思考方式、行动方式和信念方式的基础上的，而这些方式就是为了逃避这种痛苦而产生的。

由于逃避痛苦让你无法探索你身上超越痛苦层面的部分，

当你最终决定处理痛苦时，真正的成长才会发生。痛苦处在你心灵的核心部分，它会辐射出去，并影响你所做的一切。但这种痛苦并不是你感觉到的肉体痛苦。肉体痛苦只在出现生理上问题的时候才会出现，但内心的痛苦始终存在于心底，隐藏在我们一层层的思想和情感之下。当内心陷入混乱时，我们对它的感受最深，比如当世事不符合我们的期望时。这是一种深层的心理痛苦。

心灵建立在避免痛苦的努力之上，因此，对痛苦的恐惧是其基础。例如，如果遭拒的感觉对你来说是个大问题，那么你就会害怕那些导致自己被拒绝的经历。这种恐惧会成为你心灵的一部分。尽管导致你被拒绝的实际事件并不常见，但你始终在处理着自己对遭拒的恐惧。我们就是这样制造了一个始终存在的痛苦。如果你致力于避免痛苦，那么痛苦就会左右你的一生。你所有的想法和感受都会受到你的恐惧的影响。

你会发现，任何基于逃避痛苦的行为模式都会成为通向痛苦本身的大门。如果你害怕被别人拒绝，为了赢得其认可而接近他们，你的麻烦只会更多。他们只要斜着眼看你，或者说伤害你的话，你就会感受到被拒绝的痛苦。既然你是因为害怕遭拒而接近他们的，那么结果是，在整个互动过程中你都将在遭拒的边缘跳舞。不管怎样，你体验到的感觉都能追溯到你行为背后的动机。你的行为与你逃避痛苦的愿望相关联，你会在心中感受到这种联系。

心是痛苦的源头，这就是为什么你每天都会感受到如此多的烦扰。这种痛苦的核心在你的内心深处。你的性格特征和行为模式都与你逃避这种痛苦的愿望有关。你逃避痛苦的方式可以是保持一定的体重，穿特定的衣服，采取某种说话方式，或选择某种发型。你所做的一切都是为了逃避这种痛苦。如果你想验证这一点，只要看看如果有人谈论你的体重或批评你的衣服，你会做出什么反应即可——你会感到痛苦。每当你以避免痛苦的名义做某件事情，那件事情就拥有了转化为你想避免的痛苦的可能性。

如果你不想对付核心的痛苦，那么你为了逃避痛苦所做的事情最好能奏效。如果你终日忙于社交生活，那么任何挑战你自尊的行为，比如不邀请你参加活动，都会让你感到痛苦。假设你打电话邀请朋友一起看电影，他们说他们很忙，拒绝了你。如果你给他们打电话是为了逃避痛苦，那么此时你就会感到痛苦。假设你对你的狗喊道："嘿，斑点，过来！"但它没有过来。如果你叫斑点是为了喂他，这时你就会把碗放下，让它想吃的时候再吃。但是如果你叫斑点是因为你今天很辛苦，希望得到它的安慰，那么它没有过来就会使你感到痛苦："连狗都不喜欢我。"为什么狗不过来会使你发自内心地痛苦？为什么朋友说他们今天要去别的地方而不能去看电影会使你感到痛苦？这些事情为什么会引起痛苦？这是因为你的内心深处有着未曾加工处理的痛苦。你试图避免这种痛苦，而这种企图制造了一层层与隐藏的痛苦相关的敏感层。

让我们看一看这些敏感层是怎样被构造起来的。为了避免遭拒的痛苦，你努力维护友谊。由于你清楚自己被拒绝，甚至是被朋友拒绝可能性，你会更加努力地避免被拒绝。为了实现这一愿望，你必须确保你做的每件事都能被别人接受。这就决定了你的穿着和行为方式。注意，你不再直接关注拒绝本身，你转而关注你的衣服，你的走路方式，或者你开的车。你距离核心痛苦又远了一层。如果有人对你说："我以为你买得起比这更好的车呢！"你会感到不安。为什么他的话会引起你的痛苦？有人说你的车有什么大不了的？你得问问自己，是什么在你心里发生了反应，那是一种怎样的感觉，为什么会这样？人们通常不会问为什么，他们只是试图阻止事情发生。

你必须再深入一点，看看敏感层之间是怎样相互作用的。痛苦位于核心位置。然后，为了逃避痛苦，你忙于尽量和朋友待在一起，隐藏在他们对你的接受之中。这是核心以外的第一层。接着，为了保证朋友接受你，你力图以某种方式展示自己，以赢得朋友并影响他人。这是核心以外的第二层。每一层都附着在原来的痛苦上，这就是简单的日常互动会对你产生如此巨大的影响的原因。如果核心痛苦不是你每天证明自己的动因，那么别人的话就不会影响你。但是，由于逃避核心痛苦正是你证明自己的动因，最终，你会把潜在的痛苦带进每一件发生的事情。你会变得极其敏感，以至于只要生活在这个世界上就会受到伤害，甚至与人互动或进行其他正常的日常活动都会伤到你的心。如果你仔细观察，你会发现即使简单的交流也会引发一定程度的痛苦、不安全感或全身性失调。

要远离这种情况，你需要拥有另一个视角。你可以尝试在晴朗的夜晚仰望天空。你正坐在一颗旋转于浩瀚太空中的行星上，虽然你只能看到几千颗恒星，但仅在银河系中就有数千亿颗恒星。事实上，据估计，螺旋星系中有超过一万亿颗恒星，然而如果我们能看到那个星系的话，它看起来也只像一颗恒星。而你只是站在一个小小的土球上，绕着漫天星斗中的一颗旋转。从这个角度来看，你还会关心人们对你的衣服或你的车子的看法吗？如果你忘记了某人的名字，你还需要感到尴尬吗？你怎么能让这些毫无意义的事情造成你的痛苦呢？如果你想结束这种痛苦，如果你想过满足的生活，你最好不要致力于避免心理痛苦。你最好不要用你的一辈子来担心人们是否喜欢你，或者你的车是否令人艳羡。那是一种痛苦的生活。你也许认为你并没有经常感到痛苦，但你确实感到痛苦了。你花费一生时间来避免痛苦，这意味着痛苦永远在你身边。任何时候你都有可能说错话，任何时候任何事情都有可能发生，所以你将把一生都奉献给逃避痛苦的行动。

当你审视自己的内心，你会发现你回到了同样的两种基本选择：一种选择是将痛苦留在内心，继续与外界斗争；另一种选择是拒绝用一辈子来逃避内心的痛苦，决心努力摆脱它。很少有人敢直面内心，大多数人甚至没有意识到他们是带着许多需要解决的内心痛苦在四处奔走的。你真的想把痛苦带进内心以至于必须操纵世界来避免那种感觉吗？如果不必受痛苦左右，你的生活会变得怎样呢？你会获得自由。你将完全自由地行走在这个世界上，收获快乐，坦然面对任何事情。你的生活将充满有趣的经历，无论这些经历是什么，你都可以尽情享受。从本质上说，你只需单纯地生活，体验在一颗旋转于浩瀚太空的行星上生活的感觉，直到你死去。

要在自由的层次上生活，你必须学会不害怕内心的痛苦和不安。只要你害怕痛苦，你就会尽力使自己免受痛苦的伤害。如果你想要自由，那么你只需把内心的痛苦看作你能量流的一种暂时变化。你无须害怕这种经历：你无须害怕被拒绝，也无须担心如果你生病了，或者有人死了，或者其他事情出了问题，你会有什么感觉。你不能一辈子躲避那些没有真正发生的事情，否则一切都会变得消极，最后你的眼中将只有许许多多可能会出问题的事情。你知道有多少事物会引起内心的痛苦和烦扰吗？可能比天上的星星还要多。如果你想成长并自由地探索生活，你就不能把你的一生都用在躲避那些可能令你伤心或伤感的事情上。

你必须审视你的内心，并决心从现在开始，不再将痛苦视作一个问题。痛苦只是宇宙中无数事物中的一个。有人会对你说一些让你心头冒火的话，但之后事情就会过去。它只是一次短暂的经历。大多数人几乎无法想象与内心的烦扰和睦相处是一个怎样的场景。但是，如果你没有学会坦然面对它，你就会把一生都花在躲避它上。如果你感到不安全，那只是一种感觉，而你能控制感觉。如果你觉得尴尬，那也只是一种感觉，它只是造物的一部分。如果你妒火中烧，你可以客观地看待这一感觉，就像你看待轻微的瘀伤一样，因为它只是宇宙中的一个普通的事物，正在穿过你的内心。你可以嘲笑它、享受它，但不要害怕它。它不会碰你，除非你碰它。

让我们从人的基本倾向的角度探讨这个问题。当能引起痛苦的事物触碰你的身体时，你会本能地避让，比如难闻的气味和糟糕的味道。事实上，你的心灵也有这样的倾向。如果有什么令人不安的事物触及它，它会往回缩，向后退，以保护自己。它也这样对待不安全感、嫉妒以及我们一直在讨论的其他任何感受。从本质上看，你“关闭”了，你试图在你的内心能量周围设置一道屏障。你可以感受到它的影响，就像你能感受到你内心的收缩一样。有人说了一些令你不快的话，你心里感到有些不安。然后你的大脑开始说：“我不需要忍受这一切。我完全可以一走了之，再也不跟他们说话了。他们会后悔的。”你的心正试图从它正在经历的事情中退出，保护自己，这样它就不用再经历那种感觉了。你的心这么做是因为你无法应付你感受到的痛苦。只要你不能应付痛苦，你就会通过关闭自己来保护自己。一旦你关闭自己，你的大脑就会围绕你被封闭的能量建立起一个完整的心理结构。你的思想会试图解释为什么你是对的，为什么别人是错的，以及你应该怎么做。

如果你照单全收，痛苦就会成为你的一部分。痛苦将长年留在你的内心，并成为你生命的组成部分。它将影响你未来的反应、想法和喜好。当你处理一件事情，抵抗它引起的痛苦时，你将不得不调整你的行为和思想，以保护自己。你必须这样做，这样才不会使你内心对这件事的看法恶化。你最终会在被封闭的能量周围建立起一个完整的保护结构。如果你能清楚地看到这一切的发生，并理解其长远影响，你就会想摆脱这个陷阱。然而，除非你愿意释放最初的痛苦而不是躲避它，否则你将永远不会自由。你必须学会超越那种逃避痛苦的倾向。

聪明的人不想成为对痛苦的恐惧的奴隶。他们允许世界自然发展，而不是害怕这个世界。他们全心全意地参与生活，但不是为了利用生活来逃避自己。如果生活中发生的事情会引起你内心的不安，那就让它像风一样吹过你的身体，而不是退缩。毕竟每天都会发生可能引起你内心不安的事情，你随时都可能会感到沮丧、愤怒、恐惧、嫉妒、焦虑或尴尬。如果你观察一下，你会发现你的心在试图把这一切推开。如果你想自由，你必须学会停止对抗这些人类情感。

当你感到痛苦时，就把它看作能量。你大可以把这些内心体验看作能量，它们正通过你的心，从你的意识之眼面前经过。然后放松并释放，而不是收缩和关闭。放松你的心，直到你真正面对内心的伤口。保持开放和接受，这样你就可以从容面对令你紧张的事。你的意识必须愿意出现在紧张和痛苦的地方，然后放松，并往深处走。这将是非常深刻的成长和转变。但你肯定不想这么做，因为这么做会令你感到巨大的阻力，这就是为什么痛苦是如此强大。当你放松并感受到阻力时，心就会想逃离，并关闭、保护和捍卫自己。但这时你应该继续放松，放松你的肩膀，放松你的心。放手，留出空间让痛苦从你的内心通过。痛苦只是一种能量。你只需要把它看作能量，然后放手。

如果你将痛苦封闭起来，阻止它通过，它就会留在你的内心。这就是为什么我们天生的抗拒倾向会产生相反的效果。如果你不想痛苦，你为什么要封闭它，并留住它呢？你真的认为只要你抗拒，它就会离开吗？恰恰相反，你只有释放并让能量通过，它才会离开。如果痛苦在你的内心产生时你放松了，并且敢于面对它，那么它就会过去。你每放松和释放一次，一小片痛苦就会永远离开。然而你每抵抗和关闭一次，你的内心就会增加一点痛苦。这就像筑坝拦水，你被迫用心灵把经历痛苦的你和痛苦隔开一段距离。与此同时，躲避过去存储的痛苦的尝试，形成了你脑海里所有的噪声。

如果你想获得自由，你首先必须接受一件事，即你的内心有痛苦。是你把痛苦储存在了那里。你已经用尽了你能想到的一切办法来把它留在内心深处，这样你就不用感受它了。同时，你的内心里还有巨大的喜悦、美丽、爱和平静。但它们在痛苦的另一边。痛苦的另一边是狂喜，是自由，你真正的伟大就隐藏在那里。你只有接受痛苦，才能穿到另一边。你要接受这一事实：痛苦就在那里，你会感觉到它。如果你放松，它就会出现在你的意识面前，然后它会过去。它一直就是如此。

有时你会注意到，当痛苦通过时，你的内心是热的。事实上，当你放松并进入痛苦的能量时，你心中会感觉到巨大的热量。此时痛苦正在你的心中接受净化。学会享受那种燃烧，它被称为瑜伽之火。它似乎并不令人愉快，但你要学会享受它，因为它正在让你自由。事实上，痛苦是自由的代价。你一旦愿意付出这个代价，就不会再害怕了。你一旦不怕痛苦，就能毫不畏惧地面对生活的一切境遇。

有时候，你会经历那些给你的内心带来强烈痛苦的深刻体验。如果你足够聪明，你就不会理会它，也不会试图改变你的生活来躲避它。你会放松，并给予它所需的空间来释放，让它燃烧着穿过你。你不想将它留在心里。为了感受伟大的爱和自由，为了获得内心的超越与平静，所有过去存储的痛苦都必须离开。一旦你愿意为自由付出代价，灵性的成长就会存在。在任何时刻、任何情况下，你都应该乐于在痛苦的面前保持意识，并通过放松和开放来与你的心协调运作。

记住，一旦你把某个事物封闭起来，此后你将不得不始终对这个话题保持心理上的敏感。因为你把它储存在了你的内心，所以你害怕它会再次发生。但如果你能放松自己，而不是关闭自己，它将从你的内心通过。如果你保持开放，你体内的封闭能量将自然释放，你将不再耿耿于怀。

这是灵性运作的核心。当你能坦然面对从你的内心通过的痛苦时，你将是自由的。这个世界将永远不会再打扰你，因为世界上最糟糕的事情就是触发存储在你内心的痛苦。如果你不再在乎体验痛苦，如果你不再害怕自己，你就自由了。你将能够比以往更活跃、更生机勃勃地行走在这个世界上。你会在更深的层次上感受一切。你的内心将拥有真正美好的经历。最终你会明白，在所有恐惧和痛苦背后，有一片爱的海洋。那股力量将从深处喂养你的心，滋养你的生命。随着时间的推移，你将与这种美好的内心力量形成密切的个人关系，它将取代当前你与内心的痛苦和不安之间的关系，然后平静和爱将接管你的生活。当你超越了痛苦的层面，你最终将从心灵的束缚中解脱出来。

第四部分

超　越

第 12 章

破除藩篱

在成长中的某个时刻，内心会开始趋于平静。当你在内心的深处安顿下来时，这就会自然而然地发生。然后你会意识到，虽然你一直都在那里，但你被那些需要动用意识的思想、情感和感觉输入压制得喘不过气来。当你明白了这一点，你将渐渐领悟到你可能真的能够超脱这些纷扰。你越是具有见证者的意识，就越可能认识到你既然完全独立于你所见的事物之外，那就一定有一个办法挣脱心灵对你的觉知的神奇掌控。一定有一条出路。

以往人们会滥用“觉悟”这一通常被曲解的词来描绘这种通往完全自由的内心突破。问题是我们对觉悟的看法要么基于我们的个人经历，要么基于我们有限的概念认知。由于大部分人在这一领域没有经验，人们要么大肆嘲讽“觉悟”的说法，要么将觉悟看作谁也接近不了的终极神秘状态。可以说，对于觉悟，大部分人唯一确知的是，觉悟是他们不可企及的。

然而，一旦明白思想、情感和感觉输入的对象只会在意识面前一闪而过，你就有理由怀疑你的觉知感是否必须局限于这一经历。如果意识要将其焦点从你的个人思想、个人情感和你有限的感觉输入上移开，又会发生什么呢？你会脱离自我的束缚并自由地向远处探索吗？一开始自我又是如何束缚意识的？重要的是，哪怕仅仅是想要考虑这些问题，就需要讨论一下意识之外还存在着什么。显然，我们惯用的心理结构理论并不适用于这样的讨论。因此，我们将运用托寓来探索自由的状态。正如柏拉图用对话讲述其“洞穴之喻”，我们将用一个小故事讲述一个非常特别的“房屋之喻”。

设想你来到一片终日阳光灿烂的旷野之中。此地明亮开阔，景色宜人，你陶醉于这美景之中，决定在此定居。于是你买下这块地，在这一大片土地的中央，亲自设计并建造你的梦中家园。你深筑地基，因为你想把房子造得坚固耐久。房子用混凝土砖建造，不腐不漏。为了使房子符合生态要求，你决定少装几扇窗，但要使屋檐出挑较大。当你装好窗，造好房子，却发现房内还是很热，所以你又安装了高质量的防盗百叶窗，它不仅可以将光热反射出去，还可以起安全保护作用。你的房子很大，可以储存足够的供给物，使你完全自足。你甚至还设置了多个独立空间供他人居住，但这些人必须安静整洁，不来打扰你。你将实现真正的独处，因为你的浪漫追求还包括不使用电话、收音机、电视机或互联网。

你的房子终于完工了，你即将乔迁新居，这令你非常兴奋。你喜欢旷野的开阔，喜欢自然界的一切光和美。但最主要的是，你迷上了这幢房子。房子设计的方方面面都饱含着你的心血和灵魂，如今它也展现出了这一切——它确确实实就是“你”。事实上，一段时间后，由于你迷恋这幢房子，加之你对房外的奇怪景象和声音越来越感到不舒服，你开始更多地待在室内。直到此时你才认识到，由于百叶窗紧闭，大门紧锁，这幢房子开始变得像一座堡垒。而这对你而言正合适。作为一个城市人，住在遥远的地方，完全与世隔绝，是相当可怕的，但你决心要独自坚持下去。

于是你渐渐地习惯于居住在房子的安全范围之内，你开心地做着你一直想要做的事情——阅读、写作。住在这里的确很舒服，因为房子是温控的，而且你很聪明地安装了现代化全光谱照明系统。具有讽刺意味的是，你在房子里太舒服、太享受、太安全了，以至于你再也不去考虑外面的世界了。毕竟房子里的一切对你而言都是熟悉的、可预料的，在你的控制范围之内；而外界是未知的、不可预料的，完全不在你的控制之下。当百叶窗锁牢后，它们就像挂在墙上的画一样协调，你根本就不会想到要冒险去外面把它们打开，这在某种程度上强化了你的密室感。它们质量上乘，关灯后房内就漆黑一片，分不清昼夜。但由于你习惯于从不关灯，直到灯泡烧坏了你才觉察到这一点。直到此时你才会意识到自己的窘境：没人给你留下这种新型照明系统的备用灯泡，这意味着最后一个灯泡烧坏之后，你就只能待在完全黑暗的房子里。

从那一刻起，唯一的光亮将来自你留作应急之用的几支蜡烛。但因为数量有限，所以你用得很省。你是个喜爱光明的人，这一状况对你来说极其艰难，但还没有艰难到足以使你克服你心中对离开这座安全的房子的恐惧。最后，生活在黑暗中的压力让你的身心健康付出了代价。随着时间的推移，你心中对洒满阳光的美丽田野的记忆渐渐淡去，再也无法被想起。

你现在只关注房子的照明。你知道的唯一的光亮来自你在黑暗中点亮的珍贵蜡烛。这支蜡烛显得很孤独。你被隔绝于万物之外，你唯一的慰藉是这幢房子给予你的安全感。你不再清楚你害怕的到底是什么；你只知道自己总是在害怕、不安。你所能做的只有尽力坚持。你甚至不再阅读和写作，因为没有光。四周一片黑暗，你也坠入黑暗之中。

然后有一天，那个和你一样因迫切需要安全感而住在房子里的管家把你叫到储藏室里。你被眼前的景象惊呆了：储藏室里满是应急手电筒，它们只需摇动即可发光。管家已经打开了一些手电筒，储藏室内一片光明。这是你生命中一个真正的转折点。

你们开始努力在房子里创造光明、美丽和幸福。你们装饰每一个房间，保持房内灯火通明，直到该睡觉的时间才暂时停止。你又开始阅读和写作了，结果和你同住的人也爱上了阅读你的作品。实际上并不只是人造光照亮了房子，是爱的余火开始在你们俩的心中发光。想象一下你们的共同努力可以创造出怎样的光明。你们开始将所有的时间用于和彼此相处，你们甚至举行了婚礼。你们发誓要相互照顾，把爱和光明带进你们的家，这是多么美好啊。和之前你所处的黑暗相比，这就是天堂。

有一天你在书房里看到一本书。这本书引起了你的兴趣，因为它讲述了“外界”天然的、明亮的光。书中甚至讲到了日光浴。但书中所讲的光远比你能想象的要多，不需要任何人来创造。这让你感到困惑，毕竟你所知道的唯一的光是从蜡烛和手电筒上发出的人造光。你怎么可能创造出那么多的光，并维持它呢？你一点也不明白这本书到底在说什么，因为你的观点只能和你的生活方式相关。你生活在房子里，因而你生活在黑暗中。你能感受到的所有的光仅仅局限于你在房子里所能创造出的光。你已经在那里生活得太久了，你所有的希望、梦想、态度、信仰只能基于你在黑暗房子里的生活。你的整个世界就是要维护你在房子里建立起来的生活。

你继续阅读这本看似神秘的书，书中讲到在自然光下行走的感觉。它似乎在描写一种自发、常在、普照大地的光。这光不断地、均匀地洒向一切事物。虽然你的见识还不足以使你理解这一点，但它却触及了你的内心深处。接下来，这本书讨论了“走出去”，即超越自建世界的藩篱。实际上，书中说当你依赖并迷恋自建的世界以躲避黑暗，你将永远不会知道外界有丰富的自然光。你那么依赖你在内心建造的东西，又怎么能走出去呢？

在房子里生活的类比恰好诠释了我们的困境。我们的意识——我们对存在的觉知——生活在我们的内心深处，在一个被人为封闭的区域里。这个区域有四堵墙，有地面和屋顶，坚实无比，没有一丝自然光能照射进来。我们得到的唯一光亮就是我们自己创造的光。如果我们不为自己创造好的环境，那就只剩下黑暗。所以我们每天都忙于装点和布置这个区域。我们试图自己带点东西进去，希望在我们自己建造的房子里，在我们把自己封闭起来的地方，至少能创造出一点光明。

实际的景象是：你在房子里面，完全与自然光隔绝，而房子建在阳光灿烂的旷野之中。但你的房子是用什么建造的呢？房子的墙是用什么建造的呢？墙是怎样隔绝所有的光而把你封闭在里面的呢？你的房子是用你的思想和情感建造的。房子的墙是用你的心灵建造的。这幢房子就是你的所有既往经历，你的所有思想和情感，你积聚的所有概念、观点、意见、信仰、希望和梦想。你把它们安置就绪，将你的四面八方堵得严严实实。你把一套特定的思想和情感拉到大脑里，然后把它们织成一个概念的世界，让你自己住进去。这个心理结构把你和墙外的自然光完全隔绝开来，厚实、密闭的思想之墙里除了黑暗什么也没有。你不可自拔地关注着自己的思想和情感，从来不会越过它们划定的边界。

如果你想知道你的墙到底有多大的约束力，只要朝它们走过去即可。假设你有恐高症，因为你年轻时曾经从梯子上摔下来，在心理上始终有阴影，那么这就是你的一堵墙。如果你无法确定它是不是一堵墙，那你就试着穿过它。比如，一件事勾起了你久远的恐惧感，你决定直接朝它走过去。可是你越靠近它，就越是被一股力量往回拉。你过去积累的事物形成了一道边界，你本能地想要避开它。这很自然，因为碰到墙我们都会这样做，以免撞上去。但由于你要避免撞墙，墙也就把你锁在了界内。它们形成了你的牢房，因为它们是你觉知的边界。你不愿意靠近它们，所以你就看不见它们外面的景象。

当你走近思想和情感的边界，就好像走向了深渊。你不想走近那个地方，但你其实可以，而如果你想出去，你就必须走向那里。最后你会明白，那里其实并不是黑暗，而是阻碍无限光明的墙。你开始寻找光明了，这就是与以往至关重要的区别。如果有一堵保护你远离黑暗的墙，你是不会想到要往那里走的。但如果这堵墙阻碍了光明，你就会走过去推倒这堵墙。

常言道，只有穿过浓密的黑夜，才能抵达无限的光明。这是因为我们所说的黑暗确实是对光明的阻碍。你必须穿过这些墙。

穿过墙并不那么难。生活的自然流动每天一次又一次地撞击着我们的墙，想把它们摧毁，可是我们却一次又一次地保卫着它们。你必须知道，当你保卫自己时，其实是在保卫你的墙。墙里并没有其他什么值得保卫的事物，除了你对存在的觉知和你建造并居住的空间有限的房子。你保卫的是你建造的用于保护你自己的房子。你躲在里面，一旦有什么东西向你的心灵之墙发起挑战，你就会变得异常警惕。实际上，你建造了一个自我概念，住了进去，而现在你正在竭尽全力保卫这个家。这个内心之家如果不是由你的思想之墙建造的，还能由什么建造呢？当你说“我是个女人，45 岁，我嫁给了乔，我毕业于这所学校……”时，你所说的这些内容就是思想。你的实际情况已经不再是这样了，只有你的思想还抓住过去不放：“可我当时是啦啦队员呀，是毕业班班长呀。”然而这些已经是 30 年前的事了。过去的情况已经不存在了，但它们还存在于你的内心，它们构成了你居住在内的墙。

如果有人挑战你的自我概念，在你的心灵之墙上戳开一个小洞，会怎样呢？如果有人动摇了你内心之家的基础思想之一，又会怎样呢？假设有人在你 20 岁时对你说：“他们不是你的父母，你是他们领养的孩子，他们没告诉你吗？”你会坚决否认，直到他们给你看了领养证。这件事会动摇你的整个内心世界。仅仅因为其中一个错误的思想，整个结构就会开始崩溃。仅仅因为一件事和你想的不一样，巨大的恐惧和焦虑就会占据你的内心。它震撼了你的内心，因为它挑战了你居住的思想之屋。你将理性地解决此事：“他们待我很好，就像我的亲生父母一样。想象一下，他们竟然领养了我这样一个孩子，还把我像亲生子女一样养大。天哪，他们甚至比我想的还要好。”你很好地把墙上的洞补上了。我们就是这样对待我们的墙的，我们致力于使它们保持坚固，什么也不可以动摇那些墙。

注意，你用思想把裂开的墙补好了。你用思想修补思想砌成的墙。这就是我们惯常的做法。正像人们恐惧地把自己锁进阳光灿烂的田野中的黑暗房子，然后又拼命制造光明一样，我们努力地在心灵之墙里建造着一个比内心的黑暗好一点的世界。我们用对过去经历的记忆和对未来的梦想装饰我们的墙。换句话说，我们用思想装饰我们的墙。但正如房里的人有可能走出他们自制的人造世界，走向美丽的自然光，你也可以走出你的思想之屋，走向无限。你的觉知可以向外延伸，拥抱广阔的空间，而不是局限于你所居住的有限空间。当你再次回头看你建造的那个小屋，你会奇怪你之前究竟为什么会住在里面。

这就是你去往外界的旅程。真正的自由非常近，就在你的墙外。觉悟是一件特别的事。但实际上，一个人不应该专注于觉悟，而应该专注于你自建的墙，因为它们阻碍了光。你怎么能建墙阻光，然后又来争取觉悟呢？你只要让日常生活推倒你四周的墙，就可以出来了。不要支持、维护、保卫你的堡垒。

设想你的思想之屋立于无数恒星照耀下的光明之海当中，你的觉知却陷入了那座房子的黑暗中，每天挣扎着生活在你那由有限经历构成的人工光之下。再设想墙倒塌了，意识毫不费力地释放出来，成为此刻和既往的光芒。这一经历即是觉悟。

第 13 章

远远超越

“超越”一词指明了心灵成长的真正方向。超越的最基本意义是越过你的所在，不要停留在你目前的状态下。当你不断超越自己，就不再有任何限制和界限。限制和界限只存在于你停止超越的地方。如果你永不停止，你总会超越界限，超越限制，超越自我限制的感觉。

超越就是四面八方无边无际。你把激光束指向任意一个方向，它都将射向无穷远。只有当你建造起它无法穿透的人工边界，它才会暂时止步。边界在无限的空间里制造了有限的表象。事物似乎是有限的，因为你的感知会触及心理界限。而事实上，每一个事物都是无限的。是你借无限的事物谈论一英里[㊀]的距离。而一英里只是无穷远的一小段。不存在什么界限，

㊀ 1 英里≈1 609.344 米。

只有无穷的宇宙。

要超越，你就必须不断越过你给事物划定的界限，这要求你的核心存在发生变化。你总会用你的分析思维把世界拆解成多个独立的思维对象，然后用同样的思维将这些零星的思想以特定的关系组合起来。你这样做营造了一种掌控的表象，而这一过程中最明显的表现是，你不断地想把未知变成已知。你对自己说："明天是我的休息日，不会下雨的。詹尼弗喜欢户外活动，她肯定会和我一起去远足。实际上，如果我想多休息一天，汤姆会顶替我工作的，毕竟我也顶替过他。"你计算好了一切，你知道每一件事应该是怎样的，甚至知道将来会怎样发展。你的观点、意见、偏好、概念、目标、信仰等都成为手段，用于将宇宙从无限的存在变成令你有掌控感的有限的存在。由于分析思维不能解读无限，你就创造了一个由有限思想构成的现实世界，把它作为替代物固定在你的内心。你将完整的世界打碎，选取其中的一小部分在你的内心以某种方式拼凑在一起。这一心理模式成了你的现实。你每日每夜都想使世界更适合你的心理模式，并把所有不适合的情况贴上错误、不好或不公平的标签。

如果有什么东西挑战了你对事物的看法，你就会反击。你会防卫、会据理力争。你会因为一点小事而沮丧、而愤怒。这是因为正在发生的事不适合你的现实模式。如果你想超越你的模式，你就必须冒险不再相信它。如果你的心理模式使你感到不安，这是因为它没有容纳现实。你的选择要么是抵制现实，要么是超越你的模式的界限。

为了真正地超越你的模式，你首先必须理解你为什么会建立这个模式。最直接的方法是搞清楚该模式出问题时什么情况。你有没有把你的整个世界建立在一个生活模式之上，而这个生活模式又是基于另一个人的行为或一种持久关系的？如果是这样，你是否曾失去过那个基础？某人离你而去，某人去世了，某件事出问题了，某件事动摇了你生活模式的核心。如果发生这样的事，你对你是谁的看法，包括对你和周围的每个人、每件事的关系的看法就会开始垮塌。你会惊慌失措，不惜一切代价地维护它。你恳求、反击、挣扎，拼命地试图保住你那即将崩溃的世界。

你一旦有过那样的经历——当然，其实大部分人都有过，就会意识到你搭建的模式其实是非常脆弱的。在特定情况下，整个模式及其基础，包括你对自己和其他一切事物的全部看法，都会瓦解。这时你所经历的将是你一生中最重要的学习经历之一。你将直接面对促使你建立该模式的事物。你的不适感和困惑感将非常强烈。你挣扎着想获得一些“正常感知”，你所做的其实是重建那个心理模式，以便返回你熟悉的心理环境。

但我们并不是只有在我们的世界瓦解后才能看清我们在那里干什么。我们始终都想维护我们的世界。如果你真的想知道你为什么做某些事情，那就先不要做，看看会发生什么。比方说，如果你决心戒烟，你很快会面对想吸烟的强烈欲望。这种欲望是你吸烟的原因，不过是最外层的原因。如果你能抵挡住这种欲望，你就会看到它是由什么引起的，也就是第二层原因。如果你能坦然面对你所见到的，你将面临第三层原因，以此类推。同样，你的暴饮暴食也有原因，你的穿衣方式也有原因，你做任何事都是有原因的。如果你想知道你为什么那么在意你的穿着、你的发型，那就停止打扮，早上头发乱蓬蓬地出门，看看你的内在能量会发生什么变化。不做让你感到舒服的事情，看看会发生什么。此时你将理解你为什么要做那些事。

你一直试图待在你的舒适区里。你努力使人物、事物、地点都符合你的心理模式的期待。他们一旦偏离方向，你就会感到不舒服。你的大脑会变得活跃，对你说应该如何纠偏，使他们回到你的轨道上来。一旦有人以你期望之外的方式行事，你的大脑就会开始说话。它会说："我该怎么办？我不能不管他的所作所为。我可以直接和他交涉，或者请别人和他谈。"你的大脑叫你解决这件事。你最终会怎么做并不重要，重要的是回到你的舒适区。这个区域是有限的，所有要待在里面的努力都会使你变得有限。你努力使事物局限在你划定的范围之内，而超越总是意味着放弃这样的努力。

因此，你有两种活法：你可以一生都待在你的舒适区内，你也可以创造自由。换言之，你可以把一生都花在努力确保一切都适合你的模式上，也可以致力于把你自己从你的模式中解放出来。

去一趟动物园可以帮你更好地理解这一点。假设你一直玩得很开心，直到你看见一只老虎被关在一个小笼子里。这使你思考一个问题：如果你不得不在这么狭小的空间里度过余生，会是什么感受。这个想法使你极其恐惧。而实际上，你的舒适区恰恰打造了这样一个笼子。这个内心的笼子并没有限制你的躯体，它限制了你意识的延展。由于你走不出你的舒适区，你本质上是被囚禁起来了。

仔细研究一下，你会发现，你愿意待在笼子里是因为你害怕。你熟悉你的舒适区，但对舒适区外的情况一无所知。要完全理解这一点，请假想一个你能想象到的最严重的妄想狂。他的内心充满了恐惧，每时每刻都觉得有人要伤害他。如果你让他住进那个老虎笼子，他很可能会同意。他不会觉得自己被锁进了笼子，他觉得那是在保护他，使他免受伤害。你觉得笼子像监狱，他却觉得那是一个庇护所。如果安保人员来到你家，封上所有的门窗，你会做何反应？此刻如果你正好在家，你会惊慌失措地想逃出来，还是会感谢他们让你觉得安全？

当受到心灵的限制时，大多数人会做出第二种反应。他们希望待在能使他们感到安全的地方。他们不会说：“让我出去！我被锁在这个狭小的世界里，一切都受到限制。我得担心每个人都在做些什么，我看上去怎么样，我都说了什么话。我要出去。”他们不想出去，反而更想保住他们的笼子。如果有什么事使他们感到不舒服，他们就会拼命保护自己，以找回自己的安全感。如果你曾这样做，这就意味着你喜欢笼子。一旦心灵的笼子松动了，你就会对它进行加固，以便舒适地待在里面。

当你的灵性真正觉醒，你就会意识到你被关进了牢笼。你将发现你在笼中几乎动弹不得，你不停地撞击舒适区的边界。你发现你过去太害怕告诉他人你的真实想法。你发现自己的自我意识太强，不能自由地表达自己的思想。你发现自己必须掌控一切才会感到舒适。

为什么？实在没有什么理由这么想。你把这些局限强加给了自己。你如果不待在里面，就会恐惧，觉得受到了伤害，受到了威胁。这就是你的笼子。老虎撞击笼子的铁条，是因为它知道那是笼子的界限。你的心灵开始抵抗，证明你已经知道你的笼子的界限在哪里。你的铁条就是你舒适区的外层边界。只要你来到笼子的边界，就能明白无误地认识它。

让我们举例说明边界问题。从前，如果要把狗关在后院，你必须装上篱笆。如今你不需要篱笆了，因为你可以使用电子设备。你可以把电线埋在地下，再给狗套上一个小项圈。狗会想：“我自由了！我以前必须待在篱笆里面。太好了！”当它跑向不该去的地方，“嚓！”——它往后一跳，叫了起来。原来，那里有一条无形的边界，当狗靠近那条边界，就会被电击一次。电击令狗感到很疼，非常不舒服，所以后来只要狗走近边界，它就会害怕。所以你看，笼子不一定要看起来像笼子，也可以是由你对不舒适的恐惧制造的。如果只要你走近边界，你就会开始感到不适和不安，那么边界就是你的笼子的铁条。只要你待在笼子里，你就不可能知道外界是什么样子。笼子的边界使你的世界看起来有限而短暂，而无限和永恒就在你的笼子外面。

超越意味着超越笼子的边界。笼子本就不应该存在。灵魂是无限的，它可以在任何地方自由扩展，它可以自由地经历生活的一切。只有当你愿意去除心理边界，面对现实时，你才能够实现超越。如果你还有界限，并且知道你的界限在哪里，因为你每天都会撞击它们，那么你一定要坚定超越它们的目标，否则你将只能待在笼子里。记住，用美好的经历、回忆、梦想装饰你的笼子与超越并不是一回事。笼子换个叫法仍然是笼子。而你要做的是超越。

你每天都会撞击笼子的铁条，如果你撞上去后要么后退，要么迫使周围的事物改变，以使自己舒服一些，那么你实际上是在利用大脑的才智使自己得以待在笼子里。你日日夜夜盘算着、计划着怎样可以继续待在舒适区内，有时甚至夜不成寐：“我怎么才能够让她不离开我？我怎么才能够让她不对别人产生兴趣?”你试图搞明白怎样才能保证自己不撞上笼子的铁条。

让我们回到狗的例子。由于那只狗早已习惯在有限的区域内随意地走动，某一天它忽然不再想方设法跑出院子了。那真是悲伤的一天。它不再想超越它的小圈子的唯一原因是它害怕那个边界。但如果它是只勇敢的狗，下定决心要获得自由，会怎样呢？假如这只狗没有放弃，而是坐在会令项圈开始振动的地方，隔一段时间就向前一小步，以适应电击的强度，只要它反复进行，它最终能够突破边界。由于那只是一道无形的边界，它只要学会忍耐那种不适，就能够突破边界。它只需要做好准备，只要愿意并且能够应对不适。项圈并不能真正伤害它，只不过会令它不舒服。如果它愿意超越舒适区，它就能够自由地进出。

你的笼子也是如此。当你靠近笼边，你感到不安全、戒备、恐惧或拘谨。如果你和大多数人一样的话，你会后退，并停止努力。当你决定永不退缩时，心灵就开始寻求超越了。它承诺：无论付出什么代价都坚持不断超越。它是一个无限的旅程，要求你在今后的每分每秒都不断超越自己。如果你真的在不断超越，你就总是站在边界上，永远不会退回舒适区。一个灵性存在总会感觉到它正抵住边界，总会不断地被推过边界。

最终你会意识到，超越你的心理界限并不会对你造成伤害。如果你愿意站在边界上，不停地行走，你会超越的。以前感到不舒服的时候，你会后退。而现在你会放松自己，离开当前所在的点。这就是超越所要做的一切。你要通过应对此刻发生的事来超越一分钟之前你所在的点。

你想超越吗？你想感觉不到界限吗？设想有一个非常宽广的舒适区，它可以轻松地容纳一天里发生的任何事。这一天里，大脑什么也没有说。你怀着平和的、充满灵感的心和这一天互动着，即使你无意撞上了边界，大脑也没有抱怨。一切就这样过去了。伟大的存在就是这样生活的。如果你像杰出的运动员一样受过训练，一旦冲过界限就能立刻放松下来，那么一切就都过去了。你将意识到你的一切都会很好，除了你的边界，什么也不会困扰你，而现在你也知道怎样处理边界了。最后你会喜欢上你的边界，因为它们为你指出了通向自由的道路。你要做的就是不断放松，向它们靠近，然后某一天在毫不经意间进入无限。这就是超越。

第 14 章

抛开虚假的坚实

人的心灵深处复杂而神秘，充满了由于内外刺激而不断变化的相互冲突的力量。这导致在较短时间内，需求、恐惧和欲望会产生巨大变化。正因为如此，很少有人能清楚了解那里发生了什么。太多的事情在同时发生着，我们很难理解我们不同思想、情感和能级之间的因果关系。结果我们总是挣扎着想把一切捆绑在一起。但一切——情绪、欲望、喜好、厌恶、热情、慵懒等都在变化。即使只是在那里维持必要的规则以保证表面的掌控和秩序，也是一项全职工作。

当你不知所措地与这些心理和能量变化做斗争时，你其实在遭受着痛苦。虽然你似乎并不觉得你在受苦，但你确实在受苦。其实，把一切捆绑在一起的责任就是一种苦难。当外部事物开始崩溃时，你最容易看清这一点。你的心灵将陷入混乱，你必须竭力将内心世界抱成一团。但你到底在抱紧什么呢？那里只有你的思想、情感和能量的运动，没有一个是坚实的。它们就像云，来来往往，穿行在广阔的内心空间。但你却紧抱住它们不放，似乎坚持可以代替稳定。佛教用一个词概括这种做法："执着"。归根结底，心灵的全部意义就是执着。

要理解执着，我们必须先理解是谁执着。随着你越来越深入你自己，你自然会明白你存在的某个方面总是在那里，从未改变。这就是你的觉知，你的意识。正是你的觉知觉知了你的思想，经历了你的情感涨落，接收了你的感官输入。它是自我的根本。你不是你的思想；你觉知你的思想。你不是你的情感；你体验你的情感。你不是你的身体；你能在镜中看到你的身体，并通过你的眼睛和耳朵经历这个世界。你是一个有意识的存在，你知道你能觉知所有内在和外部的事物。

如果你探索意识，即你的纯粹觉知，你会发现它其实并不存在于空间的任何一点上。它是一个觉知场，通过专注于某一组对象而聚焦到某一点。你可以只觉知一根手指，也可以觉知整个身体。你可以完全迷失在一个思想里，也可以同时觉知你的思想、情感、身体和周围环境。意识是一个动态的觉知场，它有能力聚焦于一点，也能够广泛扩展。当意识聚焦得足够集中时，它就失去了广义自我。它不再把自身作为一个纯粹的意识场来经历，而是更多地把自己与它所关注的事物相联系。正如我们所见，当你非常专心地看电影时，你会完全失去坐在寒冷黑暗的影院里的广义感觉。你的专注点已经从身体和周围环境转移到那部电影的世界里，你实际上已经迷失在这段经历里。这种情况可以推及你的整个人生经历。你的自我感取决于你意识的关注点。

但什么决定你意识的关注点呢？在最基本的层面，它是由任何吸引你觉知的事物决定的，因为它们从众物中脱颖而出了。要理解这一点，可以假设你的意识正在观察空旷的内心空间。一些随机的思维对象轻柔地飘过了你的内心空间：一只猫、一匹马、一个词、一种颜色或一个抽象的想法。它们偶然飘过你的觉知。现在让某一个对象突出于其他对象。它吸引了你的注意，成为你觉知的焦点。你立刻发觉你越是专注于这个对象，它移动得就越慢。最后，如果你足够关注它，它就会停下来。通过聚焦于这个对象，意识的力量最后抓稳了它。当精神和情感能量遇到凝聚的意识时，就会固定下来，正如鱼可以穿过水，但却不能穿过冰，而冰是由水凝聚而成的。相对于其他思维对象，给予某个特定对象不同的觉知量，就会产生执着。执着的结果是，被选中的思想和情感长时间停留在一个地方，直到成为心灵的积木。

执着是最原始的行为之一。由于有些对象留在意识里，而其他对象则没有留下，你的觉知会更多地与留下的对象联系。你把它们当作固定点，用于在内心的不断变化中确定方位、确立关系、确保安全。对定位的需求还延伸到了外部世界。你执着于内心的对象，用它们来定位，并用它们把自己与感官输入的众多物质对象联系起来。然后你创造可以把所有对象捆绑在一起的思想，再依附于整个结构。最终你与这个内心结构建立了极其密切的联系，你围绕着它建起了你的整个自我。因为你紧抱着它，它就固定了下来；同时，因为它固定了下来，你与它的联系就变得无比紧密。心灵就是这样诞生的。在空无一物的大脑中，通过紧抱飘过的思想对象，你制造了一个表面坚实的岛屿。一旦有一个思想留下来，你就可以把脑袋倚靠在上面。然后，当你执着地紧抱越来越多的思想，你就建立起了一个内心结构，让意识可以聚焦。意识越是聚焦于这个心理结构，就越倾向于利用它来确定自我概念。执着制造了我们用来建立自我概念的砖头和灰泥。在广阔的内心空间中，你用虚无缥缈的思想制造了一个表面坚实的结构来栖息。

那个迷失了自己，为了被找到而试图确立自我概念的你究竟是谁？这个问题显示了灵性的本质。在你建立起来用以对自己下定义的内心结构中，你是永远也找不到你自己的。你是内心结构的建设者。你也许可以组合起最奇妙的思想和情感，你也许可以建立起一个真正漂亮、不可思议、有趣而灵动的结构，但是它们显然并不是你。你是完成这件事的人。你是那个迷失了的、害怕的、困惑的人，因为你的觉知焦点偏离了你对自我的觉知。在这种慌乱、迷失的状态下，你学会了执着地紧抱从你面前飘过的思想和情感。你曾用它们建立起了可以定义自己的一个人物、一个人格、一个自我概念。觉知停歇在了它觉知到的对象上，并称它为家。由于你拥有这样一个自我概念模型，你比较容易确定怎样行动，怎样做决定，怎样与外部世界相联系。如果你有勇气深入探究，你会发现你的整个生活都是建立在你围绕自己所建的这个模型之上的。

我们说得再具体一点。你试图把一整套思想和概念装在心中，比如“我是个女人”。是的，这只是你装在心中的一个思想或概念。紧紧抓住这个思想的你既非男性，也非女性。你是觉知本身，它听到了这个思想，在镜中看到了一个女人的身体。但你执着于这些概念。你想：“我是个女人，我今年多大年纪，我相信这种哲学，不相信那种哲学。”你给自己下的定义实际上是基于你的信念：你相信上帝，或你不相信上帝；你相信和平和非暴力，或你相信适者生存。你把一套思想装进心中，并紧紧抓住它不放。你把它们建成一个高度复杂的关系结构，然后说这个结构就是你。但它不是你，它只是你为了给自己下定义而拉到自己身边的思想的集合。你这样做是因为你的内心迷失了。

你想在内心制造一种稳定性，这可以令你产生一种虚假但受欢迎的安全感。你希望你周围的人也这么做。你希望人们足够稳定，这样你就可以预测他们的行为。如果他们不稳定，你就会觉得不安，这是因为你已经把预测他们的行为当作你内心模型的一部分了。内心模型作为关于外部世界的信仰和概念的保护墙，成为你和与你互动的人之间的隔离层。通过预先形成对他人行为的观念，你会觉得更加安全，更有掌控力。如果整堵墙倒塌了，可以想象你会有多么恐惧。失去了心理缓冲器的保护，你会让谁直接进入你真正的内心自我？谁也不会，包括你自己。

人们会给自我披上外衣，他们甚至会承认某一层外衣比另一层外衣更真实。你上班时隐匿在工作外衣下面，你说："我要回家了，我会和家人、朋友在一起，做回我自己。"于是，你的工作外衣被置换到后方，你舒适的社交外衣被换到了前方。但是，你——那个收集了所有外衣的人——在哪里呢？谁也接近不了那个人。太可怕了，那个人太遥远，无从应对。

可见，我们都很执着，并因此开始营造。有些人比其他人更精于此道。在大多数社会中，执着和善于营造会得到丰厚的回报。如果你的模型造得万无一失，而且每个行为都相互协调，你其实"创造"了一个人。如果你创造的这个人是别人想要的和需要的，你就会非常受欢迎，非常成功。你就是这个人。这个人从小就被镂刻在你身上，你从来没有偏离过它。你很擅长玩这个创造人的游戏。如果你创造的人不如你期望的那么受欢迎和成功，你会相应地调整你的思想。这并没有错，显然每个人都会这样做。但是正在这样做的你到底是谁？你为什么要这样做？

你需要知道的是，你执着于什么思想、创造什么样的人并不仅仅由你决定，社会有很大的发言权。每个领域都有可接受和不可接受的社会行为——怎样坐、怎样走、怎样说、怎样穿，以及怎样感觉事物。我们的社会是怎样把精神和情感结构镂刻在我们身上的？你若做得好，就会得到拥抱和褒奖。你若做得不好，就会受到惩罚，无论是肉体、精神还是情感上的。

想想看，当别人的行为符合你的期望时，你对他们有多么好。再想想，当他们的行为不符合你的期望时，你就不再理会他们，远离他们，甚至还会生他们的气，粗暴地对待他们。你在做什么？你试图通过在一个人的心中留下印象而改变他的行为。你想改变他的信仰、思想、情感，于是下次他就会按照你的期望行事。实际上，我们每天都在相互做着这样的事情。

我们为什么会让这样的事情发生？我们为什么那么在意别人是否接受我们披上的外衣？这一切都与为什么我们执着于我们的自我概念有关。如果你不再执着，你就会明白执着倾向的成因。如果你抛开你的外衣，也不想着换一层外衣，你的思想和情感将会变得飘忽不定，并会从你身上飘走。这将是一种非常可怕的经历。你的内心深处会感到恐慌，你会不知所措。这就是重要的外部事物不适合内心模型时人们的感受。外衣不再起作用，并开始破裂。当它不能再保护你时，你就会感受到巨大的恐惧和惊慌失措。然而，你也会发现，如果你愿意面对那种恐慌，就可以挺过去。你可以回到正在经历恐慌的意识上，而后你将不再恐慌。接下来，你将感到无比的平静，那是你从未感受过的平静。

一切都会停下来，不过很少有人知道这一点。喧闹、恐惧、困惑，以及这些内心能量的不断变化，都可以停下来。你觉得你必须保护自己，所以你抓住那些朝你飘来的事物，并用它们掩护自己。你抓住所有你能抓住的事物，执着于它们，以营造一种坚实感。但你也可以放弃你所执着的这些事物，不玩这个游戏。你只要冒险全部放弃，敢于面对那驱使着你的恐惧，你就可以越过那一部分你，一切就都结束了。会结束的——不再有挣扎，只有平静。

这次旅程就是要穿过你以往力争不去的地方。当你越过那个混乱状态后，意识本身将是你唯一的安宁。你会觉知到正在发生的巨变。你会觉知到并不存在所谓的坚实，并习惯于此。你会觉知到每日每时都在展开，你从来都掌控不了，也并不需要掌控。你没有概念、没有希望、没有梦想、没有信仰、没有安全感。你不再建造正在发生的事情的心理模型，反正生活还在继续。只是觉知着这一切的发生就是非常舒服的状态。这个时刻到了，然后是下一个时刻，接着是又一个时刻。事情一直都是这样的，一刻又一刻地从你的意识面前经过。然而现在的区别在于，你在旁观它们的发生。你看着你的情感和思想对这些正在发生的时刻做出反应，但并没有阻止这一切。你并不想控制它们。你只是让生活在你的内在和外部延展开来。

如果你踏上这段旅程，你将会到达一种状态，在这种状态下你能真切地看到生活的展开会带来怎样的恐惧感。你将能够清晰地体验到强烈的自我保护倾向。你会产生这种倾向是因为你真的掌控不了外部事件，你感到不舒服。但如果你真的想要突破，你必须愿意只旁观那种恐惧，而不出手保护自己。你必须愿意承认，你全部的个性都来自这种保护自己的需求。你通过建造心理和情感结构来远离那种恐惧的感觉。然而此刻你可以直接面对心灵的根源。

如果你思考得再深入一些，你可以看着心灵被建造起来。你会发现自己身处空旷、无限的太空之中，而所有内在的事物都在向你涌来，思想、感受、世俗经历的印象都被灌进了你的意识。你将清楚地看到一种倾向，要把那股涌流置于你的控制之下，以此保护自己免受其冲击。当对人物、地点、事件的印象从你身旁流过时，你会产生一股不可抗拒的强烈欲望，要倾身抓住其中的某些印象。你会发现如果聚焦于这些内心意象，它们会成为一个空虚的复杂结构的一部分。你会发现你还抓着你 10 岁时发生的事情不放。你会发现你实际上一直带着你的所有记忆，并能很有条理地把它们拉扯在一起，并且说那就是你。但你不是那些事情，你是经历那些事情的人。你怎么能把自己定义为发生在自己身上的事情呢？在那些事情发生之前，你就能觉知你的存在。你是在意识中心做着这一切、看着这一切、经历着这一切的人，你没有必要以建造你自己为名执着于你的经历。这是你在内心建造的虚假自我，而你则隐藏在这样一个自我概念后面。

很长时间以来，你一直躲在那里，挣扎着要把一切都拉扯在一起。你为自己建造的保护模型一旦出了问题，你就会替它辩护、解释，并把它修好。你的大脑会不停地挣扎，直到你解决这个问题，或差不多把麻烦赶走了。当人们觉得他们的存在处于险境，他们就会抗拒、争辩，直到夺回控制权。这都是因为我们企图在虚无之处建造坚实，我们为了保住它不得不进行斗争。问题是，这样做是没有出路的，这场斗争是不可能和平和胜利的。房子是不能建在沙滩上的，而这里恰恰是终极的沙滩。实际上，你把房子建在了真空区。如果你继续紧抱你建造的房子不放，你就得无休止地替自己辩护。为了调和你的模型与现实，你就得让每一个人明白，并把每一件事捋顺。保住模型是一场无休止的斗争。

生活在灵性层面则不需要参加这种争斗。它意味着某个时刻发生的事只属于那一时刻，它们不属于你，也和你无关。你不可以用它们来给自己下定义，要让它们自由来去。不要让遇到的事情在你的内心留下印象。如果你后来会想起那些事，那就不要去想。如果发生的事情不符合你的模型，而你又发现自己在挣扎着、辩解着，想要使它符合你的模型，那你只需要旁观你所做的事。大千世界中有一件事不符合你的模型，它扰乱了你的内心。如果你只关注这一点，你会发现它实际上正在打破你的模型。你会逐渐喜欢上这一过程，因为你不再想维护你的模型。你会认为这样很好，因为你不再愿意花费精力制造、加强你的外衣。相反，你会允许扰乱你的模型的事情成为炸药，炸毁你的模型，把你解放出来。这就是生活在灵性层面的含义。

当你能够真正持守意识之座，成为纯粹觉知的那个存在，你就和其他人完全不同了。别人想得到的东西，你不想得到。别人抵制的东西，你完全接受。你希望你的模型破裂，如果某件事扰乱了你的内心，你会欣赏这样的经历。为什么要让别人的言行打扰到你呢？你只是在一颗行星上，在绝对的虚无中旋转。你只会在这个地方逗留短暂的时间，然后就会离开。你怎么能让你的生活被每一件事都搞得紧张不堪呢？不要这样。如果有什么事扰乱了你的内心，说明它撞上了你的模型，撞上了你建造的那部分虚假的你，而那部分你是你用来控制你自己关于现实的定义的。但如果那个模型是现实，那为什么现实经历却与它不相吻合呢？你内心创造的任何东西都不能被称作现实。

你必须学会与心理干扰和平共处。如果你的思想变得过分活跃，你只需要旁观它即可。如果你的心跳加快，那就让它经历它该经历的一切。某部分你能够注意到你的思想过分活跃，你的心跳正在加快，你需要尽量找出这部分你。这部分你就是你的出路，而你建造的那个模型是没有出路的。通往内心自由的唯一途径是那个旁观者，即自我。自我能清晰地看到思想和情感正在解体，没有任何东西试图把它们拉扯在一起。

当然，这样会引起痛苦。你建造整个心理结构的目的就是避免痛苦。如果你瓦解了它，你就会感到痛苦。但你必须愿意面对这种痛苦。假使你想体验更加充实的生活，却因为过去害怕离开城堡而把自己锁在了里面，那么你就必须面对那种恐惧。那座城堡不会保护你，它只会禁锢你。要自由，要真正地体验生活，你就必须从城堡中出来。你必须放手，并且经历那个把你从心灵中解放出来的净化过程。做这件事的方式是：看着心灵作为心灵而存在。你的出路就是觉知。不要再把思想受到打扰定义为一种消极的经历，而要看看你能否坚守后方，放松自己。当你的思想受到打扰，不要问“我该怎么办”，而要问“看到了这个过程的我到底是谁”。

最后，你会意识到你观察这些困扰时所处的中心位置不能够被打扰。如果它被打扰了，你只需要注意一下是谁注意到了它被打扰。最后这些扰乱都会停下来。然后你就可以退至内心的深处，观察你思想和心灵制造的最后的混乱的阵痛。当你到达这个层次，你就会理解超越的含义。觉知会超越其所觉知到的事物，就像光与它照亮的事物是截然不同的一样。你就是意识，你可以在后方放松自己，把自己从一切外在于自己的事物中解脱出来。

如果你想要永久的平静、永久的快乐、永久的幸福，你就必须穿过内心的混乱，到达另一边。你可以过这样一种生活：爱的波涛可以在任何你需要的时候涌上你的内心。这就是你存在的本质。你必须去往心灵的另一边。你要通过放弃执着来做到这一点，而不是通过用思想建造虚假的坚实。你只是做出最终的决定，要通过不断放手来完成此次旅程。

此时，旅程加快，你将经历快要吓死的那部分你，看到那部分你是怎样挣扎着想要护住自己的。如果你不去满足那部分你，如果你只是继续放手，不让它执着，最终你将退到虚假的坚实的后方。你并没有做什么，而是某些事在你身上发生了。

你的唯一出路是单纯的见证。你只需要坚持放手，同时要觉知到你可以觉知。如果你正在经历一段黑暗和沮丧，那么问问自己："是谁觉知到了黑暗？"你就应这样经历内心成长的不同阶段：坚持放手，并且觉知到你还在那儿。当你对黑暗的心理放手，也对明亮的心理放手，同时不再执着于任何事情，你将会达到一个层次，它在你的后方完全向你打开。你习惯于觉知面前的事物，然而此刻你将觉知到你意识之座后方的宇宙。

你的后方似乎并没有什么，但那是因为你专注于用从你面前飘过的思想和情感建造你的模型，却对内心广阔无垠的空间没有任何觉知。你的后方其实有一整个宇宙，只不过你不曾向那里投去目光。如果你愿意放手，你就会向后退去，并向能量的海洋敞开。你会充满光明，充满永无黑暗的光，充满超越了一切理解的平静。当你走过日常生活的每一时刻，这股涌动的内在力量都将维护着你，滋养着你，在内心深处引领着你。你的内心空间仍然会漂浮着思想、情感以及自我概念，但它们仅仅是你经历中的一小部分。你不会认同自我之外的任何事物。

一旦到达这种状态，你将再也不用担心任何事情。造物的力量将在你的内外创造万物，你将漂浮于平静、爱和同情之中，超越一切，而尊重一切。当你与自己无限延展的真实存在和平相处时，虚假的坚实没有存在的必要。

第五部分

亲历生活

第 15 章

无条件的快乐之路

最高级的灵性之路是生活本身。如果你知道如何过好日常生活，生活就会变成一种解放的经历。但你必须先正确地走向生活，否则生活就会变得非常混乱。你得明白你这一生真的只有一个选择，不是关于你的事业，也不是关于你要和谁结婚，或者你要不要寻找神。人们往往苦于做出这许多的选择，但其实你可以把它们都抛在一旁，只做一个根本的选择：你想要快乐，还是不想要快乐？就是这么简单。一旦你做出了那个选择，你的人生道路就会变得清晰。

大部分人不敢做出这样的选择，因为他们认为快乐与否不在自己的控制之下。有人也许会说："呃，我当然希望快乐，可我的妻子离我而去了。"换句话说，他们希望快乐，但妻子抛弃他们，他们就不快乐了。但是我们的问题不是这样的。问题很简单："你想不想要快乐？"只要你简单地对待这个问题，你会发现快乐真的在你的控制之下，只不过有一套根深蒂固的偏好挡住你的去路。

比方说你迷了路，断粮了好几天，终于看到了一幢房子。你已经走不动了，但还是撑着走到门前，敲开了门。开门者看着你，说道："我的天！真可怜！想吃点东西吗？你想吃什么？"实际上，你此刻真的不在乎他会给你吃什么，甚至都考虑不到这一点，你只会说："食物。"由于你说需要食物是真心实意的，这一请求已经和你心中的偏好没有什么关系了。关于快乐的问题也是这样。问题很简单："你想要快乐吗？"如果答案的确为"是"，那么请不加修饰地说出来，毕竟这个问题的真正含义是："你想要从此刻起，无论发生什么都一生快乐吗？"

如果你说"是"，你的人生依然可能出现种种状况：你的妻子离你而去，你的丈夫去世，股市暴跌，或者你的车半夜在野外公路上抛锚。这些事情从此刻到你的生命结束时都有可能发生。但是如果你真的想走上最高级的灵性之路，那么你对那个问题回答"是"的时候，就必须是认真的。这个回答不能附带"如果""以及""可是"。这不是一个关于快乐是否在你的控制之下的问题。快乐当然在你的控制之下。问题在于，当你说你想要快乐时，你并不是认真的，你想修饰你的回答。你想说只要这件事情不发生，或者只要那件事情发生，你就愿意快乐。这就是为什么快乐看起来好像不在你的控制之下。你提出的任何条件都会限制你的快乐，然而你本来就无法控制一切，使它们听你的指挥。

你必须给出一个无条件的回答。如果你决心从此刻起余生都快乐，你将不只是快乐，而且会觉悟。无条件的快乐是最高级的技巧。你不必学梵文或读经书，也不必弃绝尘世。你只需要认真地选择快乐，而且无论发生什么都保持认真。这是真正的灵性之路，是通往觉醒最直接、最具确定性的道路。

一旦你决心要无条件地快乐，有些事情总会不可避免地发生，并向你发起挑战。这种考验恰恰会刺激你的灵性成长。事实上，你追求的快乐是无条件的，所以你选的这条路是最高级的道路。就这么简单。你只需决定你要不要打破你的决心。当一切顺利时，人们很容易快乐；但发生困难时，就不那么容易了。你很可能会说："可是我不知道会发生这种事情。我没想到会误机。我没想到晚会上萨利会和我撞衫。我没想到新车才到手一小时就被人撞出了凹痕。"你真的愿意因为发生这些事情而违背自己的诺言吗？

无数事情的发生甚至会在你的意料之外。但问题不在于它们会不会发生，事情总会发生；问题在于，无论发生什么，你是否想要快乐。生活的目的是享受经历，从中吸取经验教训。你到世上不是来受苦的，你不需要用受苦来帮助别人。无论你有怎样的生活理念，事实是你出生了，你也会死去。从生到死的这段时间里，你得选择你是否要享受这段经历。各种各样的事情不会决定你是否快乐，它们只是事情，决定你是否快乐的是你。你可以只要活着就快乐，你可以让所有事情依次发生，然后快乐地死去。如果你能够这样生活，你的心将非常开放且自由，你将体会到超越的快乐。

这条道路会引导你走向绝对的超越，若你决心获得快乐，那么你的存在里任何会给这份决心附加条件的部分，都必须给它让路。如果你想要快乐，你必须放下想制造闹剧的那部分你，正是那部分你认为你有理由不快乐。你必须超越个人，这样你将自然而然地领悟你存在的更高层面。

最后，享受生活经历将成为唯一合理的事情。你生活在一颗旋转于浩瀚太空的行星上，飘浮于永无止境的宇宙空间。如果你必须身处此地，起码快乐点，享受这个经历。反正你是要死去的，事情也是要发生的，你为什么不能快乐点呢？让事情困扰你没有什么好处，这样改变不了世界，你只会痛苦。只要你允许，总会有事情打扰你的。

选择享受生活将引导你完成你的灵性之旅，这个选择本身就称得上是灵性导师。决心无条件地快乐将教会你一切能够了解自己、了解别人、了解生活的本质的事情。你将完全了解你的思想、你的感情、你的意志。但是当你说你今后都要快乐时，你一定得是认真的。每当一部分的你开始不开心时，不要去管它。用肯定的态度或者其他可以使自己保持开放的事情来应对。如果你坚持你的选择，那么什么也阻止不了你。不管发生了什么，你都可以选择享受那个经历。如果你不得不挨饿，被单独监禁，你就像甘地一样开心一点。无论发生什么，享受你面临的生活。

虽然听起来很难，但不那样做又有什么好处呢？如果你完全无辜，他们却把你关了起来，你还不如快乐点。不开心又有什么好处呢？又不会改变什么。最后，如果你保持快乐，你就赢了。把这段经历变成你的游戏，无论如何都保持快乐。

保持快乐的关键其实很简单。最基本的是理解你的内心能量。如果你向内心看去，你会发现当你快乐时，你的心是敞开的，能量在内心涌动；你不快乐的时候，你的心是关闭的，内心感觉不到能量。因此，要保持快乐就不要关闭你的心。不管发生了什么，甚至你的妻子离开了你，或你的丈夫去世了，都不要关闭你的心。

没有一条规定要求你关闭自己。你要对自己说，无论发生什么，你都不会关闭自己。你可以做出这种选择。当你开始关闭自己时，问问自己是否真的愿意放弃快乐。你也应该仔细想一想，在你的内心里，到底是什么让你相信关闭自己有好处。发生一点点小事，你就能放弃快乐。比如，某天你非常开心，直到有人在你上班途中阻挡了你的路。这让你很沮丧，所以这天剩下的时间里你都闷闷不乐。为什么？要敢于问自己这个问题。让这件事毁掉你的一天有什么好处呢？没有任何好处。如果有人给你造成了困扰，不要放在心上，保持开放。如果你真的想这样做，你是可以做到的。

如果你走上了这条无条件的快乐之路，你将经历瑜伽的各个阶段。你必须始终保持清醒、居中、坚定。你必须坚守诺言，对生活保持开放和接受。没有人说你没有这样的能力。保持开放是圣人和大师们的教导。他们教导说，神是喜悦，神是极乐，神是爱。如果你保持足够的开放，澎湃向上的能量将充满你的心。练习保持开放本身并不是目的。当你变得足够深沉而能保持开放时，你将有所转变，了不起的事情将会在你身上发生。这一切只要求你学会不关闭自己。

灵性成长的关键是要学会约束你的大脑，不要让它诱使你认为这一次的事件值得关闭自己。如果你不知不觉地这样想了，请重新考虑。你一旦这样想，一旦想张口说些什么，一旦开始关闭自己并为自己辩护，就要重新考虑一切。振作起来，坚持不关闭自己，无论发生什么。你要确定你所要的只是平静和享受生活。你不希望你的快乐以别人的行为为附加条件，也不希望你本人的行为被看作快乐的附加条件。当你把别人的行为作为快乐的附加条件时，你就会有大麻烦。

在你身上发生的一些事情会使你想要关闭自己。你可以选择跟随你的思绪行动，但也可以选择放手。那些事情发生时，你的大脑会告诉你保持开放是不理智的。但你的余生是有限的，真正不理智的是拒绝享受生活。

如果你记不住这一点，那就冥想吧。冥想可以加强你的意识中心，这样你就能保持足够的觉知而不让你的心关闭。你要通过放手和释放关闭的倾向来保持开放。当你的心开始收紧时，你就放松它。你不必一直喜形于色，你只需要内心喜悦。你不必抱怨，因为你能在不断发展的各种情境中过得快活。

无条件的快乐是一条高级的道路，一种高级的技巧，因为它可以解决一切。或许你可以学习瑜伽技巧，比如冥想和姿势，它们在某种程度上对“解决”你当下的烦扰有帮助，但余生中你又会做什么呢？无条件快乐的技巧是理想的，因为它明确了你余生中会做的事——放开自己，保持快乐。从灵性上说，你将成长得非常迅速。每时每刻实践这一技巧的人会察觉到他们心灵的净化，这是因为他们并不纠缠于发生的事情。他们还会注意到他们思想的净化，因为他们不参与思想的闹剧。他们的沙克蒂（灵性）会觉醒，即使他们对沙克蒂一无所知。他们将会领会超越人类理解力的快乐。这条道路既能解决日常生活中的问题，也能解决精神生活中的问题。

一旦你通过了火的考验，而且你确信无论如何你都能做到放手，那么人类思想和心灵的面纱将被揭开。你将面对超越你的存在，因为你不再有需求。当你与时间和有限做过了结之后，你将向永恒和无限敞开。然后“快乐”这个词将无法描述你的状态，此时是诸如狂喜、极乐、解脱、自由等词语登场的时刻。快乐将变得无比强烈，你的浑身都将洋溢着快乐。

这是一条美丽的道路。请快乐起来吧。

第 16 章

不抵抗的心灵成长之路

你应该把灵性修炼看作学习在没有压力、问题、恐惧或闹剧的情况下生活的过程。这种用生活来促使灵性进化的方式是真正的最高道路。你其实没有必要紧张会发生什么问题，压力只有在你抵抗生活中的事件时才会产生。如果你既不把生活推开，也不把它拉向自己，你就不会制造任何抵抗。你只是在场而已。在这种状态下，你只是目睹和经历着生活事件的发生。如果你选择这样生活，你会发现生活是可以在平静状态下度过的。

生活是一个多么奇妙的过程啊。这个原子流不断穿行于时间和空间，它是一条永恒的事件链，不断成形，然后又立刻消融于下一个时刻。如果你抵抗这一奇妙的生活力量，紧张就会在你的内心积聚，侵入你的躯体、思想和心灵。

不难看出，人们在日常生活中容易产生压力和抵抗。如果我们想要了解这种倾向，我们必须先研究一下我们为什么对面对生活现实那么抵触。我们内心有什么竟然具有抵抗生活现实的能力？如果你仔细观察你的内心，你会发现是你，你的自我，那个内心的存在，具有这种能力。这就叫意志力。

意志是从你的存在里激发出的真正的力量。是意志驱使你的四肢运动，四肢自己不会随意地运动。当你想集中思想时，你会运用同样的意志把握住思想。当自我的力量被集中起来并被引向肉体、精神和情感领域时，会产生一股力量，我们称之为“意志”。它就是你希望事情发生或不发生时会动用的东西。你并不是无能为力；你有力量影响事物。

我们能运用意志做的事令人惊讶：我们实际上是在运用我们的意志对抗生活的流动。如果发生了一件我们不喜欢的事情，我们通常会抵抗它。但既然我们抵抗的事情已经发生了，抵抗有什么好处呢？如果你最好的朋友搬走了，你会难过。但是，在未来的岁月里你内心对此事的抵抗并不会改变好友确已搬走的事实。抵抗改变不了现实。

毫无疑问，我们在抵抗现实。比如，有人说了我们不喜欢的话，显然我们的抵抗并不能使他们已经说出的话消失。我们实际上想阻止这件事情从我们这里通过，我们不希望它影响我们的内心。我们知道它将留下精神和情感的印象，而这些印象并不符合内心已有的模型。所以我们针对事件的影响施加意志力，想要阻止它通过我们的心灵和思想。换言之，对一件事的经历并不止于我们对它的感官观察，事件还必须在能量层面通过心灵，这是我们每天都会经历的过程。最初的感官观察会触及我们的精神和情感能量池，引起能量的运动。这些运动通过心灵，很像水面产生涟漪。奇妙的是，你实际上有能力抵抗这些能量运动。意志力的施加可以阻止能量转移，而这会制造紧张。你可以被一桩事情，甚至是一个想法、一个情绪耗得精疲力竭。你对此再清楚不过了。

最后你会明白这种抵抗是对能量的巨大浪费。你用意志抵抗着以下两者：已经发生的事情，以及还没有发生的事情。或者说，你抵抗着对过去的印象或对未来的想法。想想有多少能量被浪费在了抵抗已经发生的事情上。既然事情已经过去了，你实际上是在和自己抗争，不是在和那件事抗争。再考虑一下有多少能量被浪费在了抵抗可能会发生的事情上。既然你觉得可能会发生的事情大都没有发生，那你就是在浪费能量。

你应对自己的能量流动的方式会对你的生活产生重要影响。对一件已经发生的事情的能量施加意志，就像试图阻止一片掉落在平静湖面上的叶子产生涟漪一样。你做任何事情都将引起更多的干扰，而不会减少干扰。当你抵抗时，能量无处可走，它会堵在你的心灵里，并严重地影响你。它会阻碍你心脏的能量流动，使你感到自己被关闭起来了，不那么有生气了。

当某件事萦绕在你脑海里，或者当事情在你心中变得越来越沉重时，就会出现这种情况。

这就是人们常常落入的尴尬境地。事情已经发生，而我们却通过抵抗继续把它们的能量压在我们的内心。结果，当我们面临新的事情，我们既来不及准备好接受它们，也没有能力消化它们。这是因为我们还在和过去的能量抗争。随着时间的推移，能量积聚到一定程度，我们将要么直接爆发，要么完全关闭。这就是当人们压力过大或精疲力竭时的内心状态。

其实你完全不必压力过大，也不必爆发或关闭。如果你不让能量在你内心积聚，而是让它每时每刻从你身上流过，那么你每时每刻都会像度过没有压力的假期一样精力充沛。并不是生活中的事情带来问题或压力的，是你对生活中的事情的抵抗带来这种感受的。既然问题是由于你动用意志来抗拒生活现实才产生的，那么解决方法很显然——停止抵抗。如果你要抵抗什么，那么你的抵抗起码要有一点理性基础，否则你就是在不理智地浪费宝贵的能量。

你要愿意研究抵抗的过程。为了抵抗，你首先要确定你不喜欢哪件事情。有许多事情都能从你这里通过，你为什么偏偏要抵抗这些事情呢？你的内心必有一个基本理念决定着什么时候对那些事情放手，什么时候施加意志力把它们推开或抓紧。千百万的事物根本不会打扰你。你每天开车上班，很少留意沿途的建筑和树木。路上的白线不会给你压力，你会看见它们，但它们留下的印象会直接从你这里通过。但是不要想当然地认为每个人都会这样。如果白线画得不齐，道路标线工人的压力就会非常大，实际上他的压力可能会大到使他不再开车从这条路上经过。很明显，不是所有人都会抵抗同样的事物，或拥有同样的问题。这是因为对于事物该是什么样子或对我们有多重要，不是所有人都具有相同的先入为主的看法。

如果你想理解压力，你首先要明白，你拥有一套对于事物该是什么样子的先入为主的看法。你依据这些看法，运用意志来抵抗已经发生的事情。你的这些先入为主的看法是从哪里来的？比方说，看见盛开的杜鹃花，你就会很紧张。当然，大多数人都不会因此而紧张，为什么你会紧张呢？情况是，你曾经的女朋友种了许多杜鹃花，在杜鹃花开的季节里，她和你分手了。现在每当你看到杜鹃花开，你的心就会关闭。你甚至都不想走近它们，它们让你心烦意乱。

在我们的生活中发生的这些个人事件在我们的大脑和心里留下了印象，这些印象成为我们动用意志进行抵抗或依附的基础。事情可能发生在你的童年，也可能发生在你一生中的其他时刻。不管它们是什么时候发生的，它们都在你的内心留下了印象。基于这些过去的印象，你抵抗着此时此刻发生的事情，这就产生了内心的紧张、焦虑、挣扎和痛苦。尽管觉知到了这些，但你并没有拒绝让这些过去的事情左右你的生活，而是照单全收。你相信它们有真正的意义，于是你全心全意地抵抗或者依附它们。但实际上，这整个过程并没有真正的意义，它只会毁掉你的生活。

另一个选择是利用生活促使自己放下那些印象以及它们制造的压力。要做到这一点，你必须变得高度觉知。你必须留意那个要求你进行抵抗的脑海里的声音。它实际上是在命令你："我不喜欢他的话，处理一下。"它建议你通过抵抗来面对世界。你为什么要听它的呢？你应该让你的灵性之路成为你的意愿，自愿地让任何发生的事情从你这里通过，而不是带着它进入下一个时刻。这并不意味着不处理发生的事情。你当然可以处理，但你要先让能量通过。如果不这样做，你其实不是在处理此刻的事情，而是在处理被阻滞在你内心的过往能量。你将不再处于清澈之地，而是来自充满内心抵抗和紧张的地方。

要避免这种情况，你要以容忍的姿态处理每一件事。容忍意味着事件可以毫无阻碍地通过你。如果发生了一件事，并且它通过了你的心灵，那么你面对的将只是真实存在的实际情况。由于你处理的是实际的事件，而不是因事件而储存起来的能量，你不需要调动过去的反应能量。你会发现你现在能够更好地处理日常情况了，实际上你今后可能再也不会有任何问题了。这是因为"事情"不是"问题"，它们只是事情，只有当你抵抗它们时，才会产生问题。但是，不要觉得接受了现实就意味着你不用处理事情了，你还是要处理的。你只是会把事情当作地球上发生的任何一件普通的事情来处理，而不是当作个人问题来处理。

你会惊讶地发现，大多数情况下，除了你自己的恐惧和欲望之外，并没有什么需要你处理。恐惧和欲望使得一切看起来都是那么复杂。如果你对某件事情没有恐惧或欲望，那么真的没有什么可以处理的。你只是允许生活自行展开，并自然地、理性地和它进行互动。当下一件事情发生时，你将完全在场，尽情地享受生活的经历。不存在问题。一切都没有问题，没有紧张，没有压力，没有精疲力竭。当世界上的事情通过你时，你已经达到了一种觉醒的、超越的状态。然后，不管发生什么，你在它面前都会意识清醒，不会积累阻滞的能量。当你达到这种状态，一切就会变得清晰。其他人依照自己的反应和个人偏好挣扎着，试图处理好他们周遭的世界。可是，当一个人不得不忙于处理自己的恐惧、焦虑和欲望时，还能剩下多少能量用来处理实际上正在发生的事情呢？

停下来想一想你能够做到什么。到现在为止，你的能力都在被不断的内心挣扎所限制。想象一下，如果你的觉知只是自由地聚焦在正在发生的事件上，那么会发生什么呢？你的内心将不会有杂音。如果你能够这样生活，你就能做任何事情。与你以往相比，你的能力将会迅速增强。如果你做一切事情时都能够保持这个层次的觉知和清醒，你的生活将会改变。

因此，你的出路是用生活促使自己放弃抵抗。处理好人际关系是与自己合作的好方法。设想一下，如果你通过人际关系来认识别人，而不是满足阻滞在你内心的事物，如果你不迫使别人符合你先入为主的好恶，那么你会发现人际关系并不是那么难处理。如果你不再忙于根据阻滞在你内心的事物来判断和抗拒别人，你会发现他们还是很容易相处的，你也是如此。放开你自己是接近他人的最简单的方式。

你的日常工作也是这样。日常工作很有趣，实际上也很容易。你的工作就是当你随着地球旋转穿越浩瀚太空时，你白天对自己做的事。如果你想从你的工作中得到满足与享受，你就必须放开自己，让事件从你身上流过。你真正的工作是别的事情都流过之后剩下的事情。

一旦个人的能量从你这里通过，世界就会完全不同。你眼中的人和物都会发生变化，你将意识到你具有了从未有过的天赋和能力。你对生活的整个看法都将改变，世界上的每一个事物似乎都被改造了。这是因为你在一种情况下放手，会提高你在其他情况下的清醒程度。比方说，你怕狗，但当你意识到别人一生都不会怕狗，你却必须一辈子承受怕狗的痛苦，你开始觉得这种痛苦没有意义，所以你决心学习在看见狗时克服恐惧，放松心情。与抵抗合作的方法就是放松。在个人抵抗中放松的行为不仅会改变你与狗的关系，还会改变你和所有事物的关系。你的灵魂现在已经学会如何让扰动性的能量通过。下一次再有人说或做你不喜欢的事情，你会自动地像处理对狗的恐惧那样处理此事。这种在抵抗中放松的行为对你生活中的每一件事都有利，这是因为它能直接解决一个问题，即当你的心想要关闭时，怎样让它保持开放。

深层的内心释放本身就是一条灵性之路。这是一条非抵抗之路、接受之路、放弃之路。它的关键在于不抵抗从你这里通过的能量。如果这对于你来说有困难，不要沮丧，继续努力克服。要变得足够开放、足够完全、足够完整是一项终身的工作。

这项工作的关键是放松和释放，只处理你面前的事情，其他事不用担心。如果你能做到放松和释放，你会发现它将让你经历极大的灵性成长。你将开始感觉到巨大的能量在你的内心觉醒。你感知到的爱会比以往任何时候都多。你会感觉到更多的平静和满足。最后，再也没有什么能够打扰到你了。

你真的可以达到这样一种状态：不再有压力、紧张或问题。在这之前，你只需要认识到生活正给予你一个礼物，这个礼物就是从你出生到去世流过你的所有事件。这些事件令人激动，具有挑战性，并会给你带来巨大的成长。要自如地应对这股生活事件流，你的心灵和思想就必须开放和扩展得足够大，能够包容现实。你做不到的唯一原因是你在抵抗。学会停止抵抗现实，那么原先看似紧张的问题将会变成你灵性之旅的踏脚石。

第 17 章

思考死亡

一生中最好的老师之一竟是死亡，这真是一个极大的宇宙悖论。没有一个人或一个情境能像死亡那样给你那么多的教诲。有人会告诉你，你不是你的身体，而死亡可以表现给你看。有人会对你说，你抓住不放的事物都无足轻重，而死亡可以瞬间把它们全都夺走。有人会教育你，所有种族的男女都是平等的，富人和穷人没有什么不同，而死亡可以立刻使我们毫无差别。

问题是，你是否要等到最后一刻才让死亡做你的老师？其实，仅仅是死亡的可能性都随时有能力教育我们。聪明人能意识到他们随时都有可能只出气，而不再进气。你必须懂得这一点。一个聪明人应该彻底地拥抱死亡的现实性、不可避免性和不可预测性。

任何时候遇到了麻烦，想一想死亡。假设你容易嫉妒，不能忍受任何人接近你的伙伴。想想当你不在了会发生什么。你爱的人将孤独地生活，没有人照顾，这样难道真的那么浪漫吗？如果你能够解决你的个人问题，你会发现你希望你爱的人快乐，过上充实美好的生活。既然这是你希望的，那你又为什么要仅仅因为他们和别人交谈就打扰他们呢？

以最好的状态生活不应该以死亡为代价。你为什么要等到被夺去了一切，才学会深挖自己的最大潜力呢？一个聪明人会肯定地说："如果可以一口气改变这一切，那么我要在活着的时候就以最好的状态生活。我不会再打扰我爱的人。我将从我的内心最深处经历生活。"

这是发展深层而有意义的关系所必需的意识。看看我们对自己所爱的人可以多么冷漠？我们想当然地认为他们总会在那儿，为了我们他们一直会在那儿。但如果他们去世了怎么办呢？你去世了又怎么办呢？如果你知道今晚将是你最后一次见他们了，会怎么样呢？想象一下，一个天使下来对你说："把你的事情都处理好，你今晚睡下去就再也不会醒来，你要到我这里来了。"于是你就知道你将与这天和你见面的人见最后一次面。这时你会有什么感觉？你会怎样和他们互动？你还会为了一直以来的一点点不满和抱怨而烦心吗？当你知道这将是你最后一次和所爱的人在一起了，你会给他们多少爱呢？想一想，如果你和每一个人每一次都这样相处，生活将会是什么样子呢？你的生活会完全不一样。你应该好好思考一下。死亡并不是一个可怕的念头。死亡是一生中最了不起的老师。

花一点时间思考一下你认为你需要的东西。看看你在各种活动中投入了多少时间和精力。想象一下，如果你知道你将在一个星期或一个月内死去，你的生活会有哪些改变？你会怎样调整你的优先事项？你的想法会如何改变？诚实地想一想你最后一周会做些什么。这样的思考是多么美妙啊！然后思考一下这个问题：如果你确定某事就是你最后一周要做的事情，那么现在除了做这件事的时间，你剩下的时间会做什么呢？浪费掉？把它当作不值钱的东西对待？你是如何对待生活的？这就是死亡问你的问题。

假设你在生活中从未想到过死亡，死神来到你身边说："来吧，时间到了。"你说："不不不，你应该先给我一个警告，这样我才能决定我最后一周要做什么。我应该还有一周的时间。"你知道死神会对你说什么吗？他会说："天哪！仅最后一年我就给了你 52 周的时间。我给了你那么多星期，你怎么能再要一个呢？你在那么多星期里都做了些什么？"如果被问到这个问题，你会怎样回答？"我没有注意……我以为没什么关系的。"这样谈论自己的生活真是令人吃惊。

死亡是伟大的老师。谁能有那么高的觉知水平呢？不管你年龄多大，你随时都有可能吸了一口气之后便再也没有第二口识到了这些真理。如果你想理解“道”，你就必须慢慢来，并使其保持简单。否则，你可能抓不住它的真义，尽管它就在你面前。

你最好通过一些非常简单的反问句来接近道。例如，一个人时不时地吃点东西好不好？当然好。一个人不停地吃东西好吗？当然不好。你可能会在两者之间的某个地方错过道。定期禁食好吗？好。永远不吃东西好吗？不好。钟摆可以从撑死摇摆到饿死。钟摆有两个极端：阴和阳，膨胀和收缩，无为和有为。一切事物都有两个极端，一切事物都可能经历钟摆两极间的渐变。如果你走极端，你就无法生存，因为极端就是那么地极端。例如，你喜欢炎热的天气吗？那华氏 6 000 度怎么样？不行，你会瞬间蒸发。你喜欢寒冷的天气吗？那绝对零度怎么样？不行，你身体里的分子将再也不会动。

让我们举一个不那么极端的例子。你喜欢亲近别人吗？那么极其亲近，永远不分开，会怎么样？你们一起吃每顿饭，一起去每个地方，一起做每件事，打私人电话时也总是使用免提，这样你们俩每次都可以一起参与对话。你们想亲密到变成一个人。你觉得这样的状态能保持多久？

这是人际关系中的一个极端。另一个极端是你想要自己的空间，做你自己的事，完全独立。你喜欢分开，这样当你们在一起的时候，总有一些可以分享的东西。你有多独立？你们分气了。这种事情时时刻刻都在发生，婴儿、青少年、中年人都有可能遭遇，它并不只发生在老年人身上。没人知道自己会在什么时候离世。情况就是这样。

那么，为什么不大胆一点，经常思考一番你最后一周要怎样生活呢？如果你问真正觉醒的人这个问题，他们会毫不犹豫地回答你。他们的内心不会有丝毫的变化，他们的脑子里不会有别的念头。如果死亡会在一个小时后到来，如果死亡会在一周后到来，或者如果死亡会在一年后到来，他们只会像现在一样生活。他们心中并没有更想做的事情。换句话说，他们充实地生活着，没有做出过妥协或与自己玩游戏。

你必须好好思考如果死亡正盯着你看会是什么样子。然后，你的内心必须平静下来，这样无论此事是否发生，都不会有任何区别。一个伟大的瑜伽修行者曾说，他生命中的每一个时刻都觉得好像有一把剑悬挂在他头顶的蜘蛛网上。他活着时始终能觉知到自己离死亡很近。你离死亡也很近。每一次上车，每次过马路，每次吃东西，都有可能是你的最后一次。你能否意识到你在任何时候所做的事情都可能是某个人死的时候正在做的事情？“他是吃晚饭时死的。他死于车祸，死去时离家两英里。她在去纽约时死于飞机失事。他上床睡觉后再也没醒来。”有的时候，事情就这样发生在了一些人身上。不管你在做什么，都可能有人是在做这件事时死去的。

你不能害怕谈论死亡。别太紧张了！相反，你要让这些知识帮助你充实地度过生命中的每一刻，因为每一刻都很重要。有的人知道他们只剩下一周时间的时候才开始这样做。他们会告诉你，最后的一周是他们最重要的一周。在最后一周，每件事的意义都要比以往扩大百万倍。如果人们每周都这样生活会怎样呢？

此刻你应该问问自己，你为什么不这样生活。你知道你会死亡的，你只是不知道会在什么时候。你所有的东西都会被夺走。你将把你的财产，你爱的人，以及你对今生的所有希望和梦想都留在身后。你会被带离你此刻所在之处，你再也不能扮演你一直忙于扮演的角色了。死亡瞬间改变了一切，这就是现实情况。如果所有事情都能瞬间被改变，那么也许它们终究不是那么真实。也许你最好搞明白你是谁，也许你应该看得更深一些。

拥抱深邃真理的美妙之处在于，你不必改变你的生活，你只需改变你的生活方式。你要改变的不是你在做什么，而是多大一部分的你在做这件事。让我们举一个非常简单的例子。你已经在外面散步过几千次，但你有多少次是真正珍惜散步的时光的呢？想象一下，一个躺在病床上的人刚刚被告知他还有一周的生命。他抬头看着医生说："我可以出去走走吗？我能再看一次天空吗？"如果外面下着雨，他甚至会想再感受一次下雨。对他来说，那将是最珍贵的经历。但你不会想感受下雨，你只会跑着躲起来。

是什么不让我们亲历生活？我们的内心中到底有什么恐惧到让我们无法享受生活？这部分的我们总是忙于确保下一件事顺利进行，所以我们总是无法亲历当下的生活。一直以来，死亡都在注视着我们的脚步。你不想在死亡来临之前充分地活着吗？但是你可能不会收到死亡的警告，很少有人会被告知他们将在什么时候死亡。几乎每个人都只是喘了一口气，却不知道自己再也没机会喘第二口气了。

因此，要利用每一天放开害怕的那部分你，不让你充分生活的那部分你。既然你知道你终将死亡，那就乐于说该说的话，乐于做该做的事，乐于全身心地在场，而不必担心下一刻会发生什么。这应该是人们面对死亡时的生活方式。你也要这么做，因为你每时每刻都在面对死亡。

学会每时每刻都好像在面对死亡，你就会变得更大胆、更开放。如果你生活得充实，你就不会有什么最后的愿望，因此你每一刻都亲历着它们。只有这样，你才能充分经历生活，释放害怕经历生活的那部分你。你没有理由害怕生活。一旦你明白你唯一能从生活中得到的东西就是经历生活时的成长，恐惧就会消退。生活本身就是你的事业，你与生活的互动是你拥有的最有意义的关系。你所做的其他一切事情都只专注于生活的一小部分，试图赋予生活一些意义。而真正赋予生活意义的是乐于亲历生活。这不是什么特别的事情，而是要乐于体验生活中的事情。

如果你知道你见到的下一个人将是你见到的最后一个人，你会怎样做？你会沉浸在你们的互动中，体验这一切。不管他说什么，你都会喜欢听，因为这将是你最后一次交谈。如果你把这种感觉带到你的每一次谈话中会怎样呢？就像当你被告知死亡即将来临时会发生的事情一样：你会改变，但生活不会改变。真正的探索者一定每时每刻都这样生活着，任何事情都阻止不了他们。为什么要让什么事情阻止你呢？反正你也会死的。

如果你挑战自己，像生命只剩下一周时间那样生活，你的脑海里可能会产生各种曾被压抑的欲望。你的大脑可能会开始谈论你一直想做的所有事情，而你可能会觉得你最好去做这些事。不过，你很快就会发现这不是你真正想要的答案。你必须明白，正是因为你试图从生活中获得特殊的体验，你才会错过生活的实际体验。生活不是你得到的东西，而是你经历的东西。无论有没有你，生活都是存在的，它已经持续了亿万年，你只是有幸看到了它极其微小的一部分。如果你忙于得到什么，你就会错过你正在经历的那微小的一部分。生命中的每一次经历都是不同的，每一次经历都是值得拥有的。生命是不可以轻易浪费的东西，它真的很珍贵。这就是为什么死亡是非常伟大的老师。是死亡使生命变得珍贵。当你想象你只剩下一周的时间，你会发现生命是多么的珍贵。如果没有死亡，生命还会这么珍贵吗？不，你会浪费它的每一秒，因为你觉得你永远都拥有它。稀缺使事物珍贵。稀缺使一块普通的岩石成为一颗罕见的宝石。

所以死亡实际上赋予生命以意义。死亡是你的朋友，是你的解放者。不要害怕死亡。试着去了解它在对你说什么。了解它的最好方式是抓住你生命中的每一个时刻，并意识到重要的是充分地生活。如果你完整地度过了生活的每一刻，你的生命就会更加充实，你就不必害怕死亡。

你害怕死亡是因为你渴望生命。你害怕死亡，因为你认为有些东西你还没有经历过，你还想得到。许多人觉得死亡会夺走他们的东西。智者却意识到死亡是在不断地给予。死亡赋予你生命的意义，反而是你抛弃了你的生命，浪费了生命的每一秒。你开车从这里驶向那里，却什么也没看见。你的心思不在这里。你正忙着想下一步要做什么，你总是提早一个月甚至一年做计划。你不是在度过生活，你是在度过你的思维过程。所以是你，而不是死亡，抛弃了你的生命。事实上，死亡力求让你专注于当下，从而帮助你找回自己的生命。它会让你说："天哪，我将失去这些。我会失去我的孩子。这可能是我最后一次见到他们了。从现在起，我将更加关注他们，关注我的爱人，以及我所有的朋友和亲人。我想从生活中得到更多！"

如果你充分地活在每一次经历中，那么死亡就不会从你这里夺走任何东西。没什么可拿走的，因为你已经完满了。这就是为什么智者总是随时准备死亡。无论死亡何时来临，对他们而言都不会有任何区别，因为他们的经历已经是完整的和完全的。假设你爱音乐胜过一切，你一直想听你最喜欢的管弦乐队演奏你最喜欢的古典乐曲，那是你一生的梦想，而这个梦想最后终于实现了。你在那里倾听。音乐充满了你，第一组音符就把你带到了你需要去的地方。这向你表明，只需一会儿，你就能沉浸于一种超然的平静。在死亡之前，你真的不需要更多的时间；你需要的是在你所拥有的时间里拥有更深层的经历。

你应该这样活在你生命中的每一刻里。你要让它们充满你，让它们触及你的存在深处。生命中的每一刻都能做到这一点。即使发生了可怕的事情，你也要把它看作人生的又一次经历。死亡给了你一个巨大的承诺，你可以从中获得深层的平静。这个承诺就是，一切都是短暂的，它们都只是在穿越时间和空间。如果你有耐心，它们都会过去的。

智者意识到，生命最终属于死亡。死亡按照自己的时间表夺走你的生命。死亡是房东，而你只是房客。俗话说“他的日子是借来的”“他又签了一份生命的租约”，“他”向谁借了时间？当然是向死亡借的。死亡终将索要它的财产，因为财产一直是属于它的。你应该和死亡建立健康的关系，而不应该恐惧它。感谢死亡给了你新的一天、新的体验，感谢它赋予了生命稀缺性，使它变得如此珍贵。如果你这样做，你的生命将不再被你浪费，它将受到你的珍惜。

死亡是生命的终极现实。瑜伽士和圣徒能够完全拥抱死亡。保罗说："死啊，你的毒钩在哪里？死啊，你得胜的权势在哪里？"（《哥林多前书》15:55）。伟人不介意谈论死亡。瑜伽士有在墓地和河边火葬场进行冥想的传统，他们坐在那里，提醒自己身体的脆弱和死亡的必然。佛教徒要思考事物的短暂性。"一切都是短暂的。"死亡会这样对你说。

那么，为什么要迷失在思想的喋喋不休这种常态之中，而不去思考生命的短暂性呢？为什么不考虑一些有意义的事情呢？不要害怕死亡，让它解放你，鼓励你充分体验生活。但记住，你应该经历发生在你身上的生活，而不是经历你想要发生的生活。不要浪费生命中的一分一秒去使其他事情发生，要珍惜你所得到的每时每刻。你难道不明白每一分钟你都向死亡接近了一步？你要像活在死亡的边缘一样度过你的生活，因为你的生活就是如此。

第 18 章

中道的奥秘

任何把经历生活视作心灵成长途径的讨论，如果不涉及深奥的《道德经》，都是不完整的。《道德经》讨论的是很难讨论的东西，老子称之为“道”，其字面意思是“道路”。道非常精妙，人们只能在它的边缘讨论，却从来触碰不到它。这部著述的内容为一切生命的原理奠定了基础。这是一部关于阴阳平衡、刚柔平衡和明暗平衡的论著。你可能可以轻松地阅读它，却一个字也没读懂；你也可能一边读，泪水就一边夺眶而出。问题是，对于如何理解它想表达的内容，你能否带来新的知识、认识和依据？

不幸的是，灵性学说常常用神秘的语言掩盖真理的本质。《道德经》所讲的这种平衡，即“道”，实际上很简单。那些真正掌握了生命奥秘的人在没有进行任何阅读的情况下就已认开旅行，分开吃饭，住在不同的房子里。什么时候你们分离的状态终于使你们搞不清楚你们之间是否还有什么关系？你们好多年没见过面了！这两个极端的结果都是一样的。太近了，太远了——不管是哪种情况，你们不久都会不再有交流。万物都有它的极端，它的阴和阳。

现在让我们再谈得更细致一点。6 000 华氏度和绝对零度听起来都不太妙，饿死和撑死听起来也都不怎么好，那个两人亲近到一直在一起的例子听起来还不错，你也许想试一试。如果你有这样的想法，那是因为你的钟摆向相反的方向摆动太久了。你独处的时间太多了——太多次独自吃饭，太多次独自看电影，太多次独自旅行。换句话说，你的钟摆已经偏离了中心。

科学研究表明，如果你把钟摆向右拉 30 度，它就会向左摆动 30 度。所有的法则都是相同的，无论是内在法则还是外在法则。同样的法则驱动着世界上的一切事物。你把钟摆拉多远，它就会往回摆多远。如果你已经饿了好几天，有人把食物摆在你面前，你就会不顾吃相，你会像动物一样把食物塞进嘴里。你多大程度上表现得像一只动物，其实显示了你在多大程度上饿得被激发出了动物的本能。

道在哪里？道在中间。这是一个没有能量向任何方向推动的地方，在这里，钟摆得以在食物、人际关系、性、金钱、为、不为以及其他一切方面取得平衡。一切都有阴和阳，道就是阴阳默默地取得平衡的地方。事实上，所有力量将趋向于和平相处，除非你偏离了道。如果你想了解道，你必须仔细观察两个极端之间的情况，这是因为这两个极端都不可能持续下去。钟摆摆动到一端的最高位置后，能停留多长时间？它只能在那里停留一瞬间。但钟摆能静止多久？它可以永远停在那里，只要没有任何力量打破它的平衡。这就是道。它是中心。但这并不意味着它是静止的和固定的，它的活力要比这大得多。

你必须认识到，由于万物都有阴阳，所以万物都有自己的平衡点。正是所有平衡点和谐交织在一起，形成了道。当它在时空中穿行时，这一总体平衡保持着均势。它的力量是非凡的。如果你想了解道的力量，不妨看看有多少能量被浪费在了摆动上。假设你想从甲处去乙处，你没有直接走到那里，而是像正弦波一样左右摆动，这要花费很长时间，而你会浪费很多精力。换句话说，在途中摇摆是没有效率的。为了提高效率，你必须把所有的精力集中在这条路上。这样一来，过去会在摇摆中浪费掉的能量将会被拉到中间。能量的集中有助于更有效地完成给定的任务，这就是道的力量。当你停止在两极之间摇摆，你会发现你拥有了比你想象中大得多的能量。别人花上几个小时才能做完的事情，你只需要几分钟，让别人精疲力竭的事情只会消耗你些许能量。这就是极端行事和居中行事这两种方式的区别。

这一原则在生活的各个方面都适用。比如，到该吃的时候才吃，以保持身体的健康。否则，你就要耗费精力来处理吃得太少、吃得太多或者吃错了食物等产生的问题。以平衡的方式对待身体，比承受极端带来的好处要多得多。

一般而言，你会在极端情况下浪费巨大的能量。一件事越是极端，就越会成为一个“全职工作”。例如，你们坚持永远在一起的关系就会成为一个全职工作。只有你们俩在同一张桌子上做同样的工作的时候，你才有机会去做另一个工作。而另一个极端是，你和别人没有任何关系，你总是感到孤独和沮丧，你无法取得很大的成就。所以做极端的事情要花费你所有的精力。你的行动有多低效取决于你的钟摆偏离中心的程度。钟摆偏离中心多少，你生活的精力就将减少多少，因为你需要把精力花在控制摆动上。极端是个好老师。仔细察看极端，你可以很容易地看到不平衡的行为模式的影响。

我们以烟鬼为例。一个烟鬼嘴里总是叼着一支烟，并且总是一支接一支地抽烟。他一生当中重要的一部分时间都花在了抽烟上。他买烟、点烟、抽烟，还要忙于寻找一个可以抽烟的地方。因为他不喜欢去室外抽烟，所以他加入了支持允许公共场所吸烟的委员会。注意一下他把多少精力花在抽烟上了。现在假设他决定戒烟，一支也不抽了。一年后，你问他去年做了什么，他会告诉你他戒烟了。这就是他过去一年的生活：首先，他尝试了口香糖，但这并没有什么帮助；然后他试了尼古丁贴片，这也不起作用；于是他又开始进行催眠治疗。因为他抽烟的钟摆已经摆到了一个极端，所以为了戒烟，它必须摆向另一个极端。这两个极端都会对时间、能量和精力造成极大浪费，而这些本可以被用于生活中更有成效的方面。

当你把能量花费在维持极端上，事情并不会有什么进展。你深陷在车辙里了。你越极端，越移动不了。你挖了一个沟，然后自己陷了进去。然而，道没有能量使你移动，所有的能量都在为极端服务。

道在中间，因为那是能量平衡的地方。但是怎样才能阻止钟摆摆动到外缘呢？令人惊讶的是，只要不去管它就可以了。除非你给极端输送能量，否则钟摆是不会一直摆动到极端的。不要去管极端，不要参与其中，钟摆自然就会向中间摆动。当钟摆摆动到中间，你就会充满能量，这是因为所有被浪费的能量现在都将被提供给你。

如果你选择走向中间而不参与极端，你将会认识道。你不用抓住它，甚至不用碰它。道就是能量不被用来向极端摆动时所做的事。它居于生活中发生的每一个事件的中心，安静地待在中间。道是空洞的、虚无的，就像飓风眼一样，它的力量在于它的空虚。所有的事物都围绕着它旋转，但它却岿然不动。

生命的旋涡从中心吸取能量，中心也从生命的旋涡中吸取能量。自然界以及生活的各个方面的法则都是相同的。

当你不参与摇摆并趋向中心时，能量自然会找到平衡。你会变得更加清醒，因为许多的能量流向了你。那种每时每刻的在场将成为你的自然状态。你不会过分迷恋某些事情，或者陷入对两个极端的纠结。当你变得越来越清醒时，生活中的事件实际上会像慢动作一样在你面前展开。这样一来，无论什么事件都将不再令人混乱或不知所措。

这与大多数人的生活方式不同。如果他们开着车时，有人挡了他们的路，接下来的一小时里他们都会感到不舒服，甚至一整天都会不舒服。对于信奉道的人来说，事件持续的长度就是其发生的那么长时间。如果你开车时，有人挡了你的路，你的心会感觉到你的能量开始偏离中心。当你对此事放手的时候，能量就会回到中心。你不走极端，所以你的能量会回到之前的状态。当下一个事件发生时，你将还在那里。你将总是在场，这使你比那些忙于对过去的不平衡做出反应的人更有能力。几乎每个人都有失去平衡的时候。一旦能量流失，谁会关心其补给？你不在场的时候，谁来料理那些展开的能量？记住，谁始终带着坚定的目标保持在场，谁最终就会脱颖而出。

当你遵循道时，你就总是在场。生活则会变得非常简单。

合乎道，你就能轻易看到生活中正在发生的事情——它们就在你面前展开。但是如果你走了极端，内心产生了各种各样的反应，生活就会显得很混乱。那是因为你很困惑，而不是因为生活令人困惑。

当你不再困惑，一切都将变得简单。如果你没有偏好，如果你唯一想要的是居中，那么生活会展开，而你会摸索着走向中心。一条无形的线穿过一切，所有的事物都会安静地通过中间的平衡点。这就是道。它真的在那里，就在你的人际关系中，在你的饮食中，在你的业务活动中。道在一切事物中，它是风暴眼，它完全处于平静状态。

为了让你了解处于这个中心的感觉，让我们以帆船航行为例。假设我们先在没有风的时候航行。这是一个极端，结果是我们哪儿也去不了。现在，假设我们在没有帆的情况下，在刮大风的时候航行。这是另一个极端，结果我们还是哪儿也去不了。帆船航行是一个很好的例子，因为有许多力量在其中相互作用，有风、有帆、有舵，还有帆绳的张力。如果刮着风，而你把帆拉得太松，会发生什么情况？帆船将无法航行。如果你抓得太紧呢？帆船会翻倒。要顺利航行，你必须恰到好处地把握帆。但哪里算是恰到好处呢？就是在风力下拉紧帆绳时的中心点——不能太紧，也不能太松。这就是我们所说的“最佳点”。想象一下那种感觉：风吹着帆的强度恰到好处，你抓住绳子的力度也恰到好处，启航时，你将获得一种完美的平衡感。然后风变了，你就做出相应的调整。人、风、帆、水是一体的，所有的力量和谐共处。一种力量变化了，其他力量也同时变化。这就是合乎道的意思。

在航行的道中，平衡点不是静止的，而是一种动态平衡。你会不断地从平衡点向平衡点移动，从中心向中心移动。你不能有任何预设或偏好，你必须让那些力量推动你。在道中，没有任何事物属于个人。你只不过是各种力量手中的一个工具，参与了和谐的平衡状态。你必须达到利益所在的平衡点，而不是以个人对事物的喜好来决定那个点。生活中的一切也是这样的。你越能与平衡合作，就越能在人生中航行。合乎道，你的行动就会毫不费力。生活中的事情总会发生，但你不会驱使它们发生，你将没有负担、没有压力。你会坐在中心，而各种力量自会运作。这就是道。这是整个生命中最美丽的地方。你无法触碰它，但你可以和它融为一体。

最终你会懂得，若合乎道，你醒来后将不必看到该做什么，就去做什么。若合乎道，你什么都看不见，你还必须学会如何看不见。你永远看不见道的去向，但你只能和它在一起。盲人靠手杖走在城市的街道上。让我们给这个手杖起个名字，叫“极端探索器”，它是边缘的触角，它是阴阳的触手。用手杖走路的人常常左右轻轻叩着地面，他们不是想找出应该往哪里走，而是想找出不该往哪里走。他们正在寻找极端。如果你看不见路，你只能摸索边缘。但是如果你摸到了边缘，却不走过去，你就合乎道了。这就是依道行事。

所有伟大的教导都揭示了中间的道路，平衡的道路。你要不断察看你是合乎道，还是迷失在了两端。极端制造对立面，智者避开对立面。找到中间的平衡处，你就会生活在和谐中。

参考文献

Freud, Sigmund. 1927. *The Ego and the Id*. Authorized translation by Joan Riviere. London: Leonard & Virginia Woolf at the Hogarth Press, and the Institute of Psycho-Analysis.

Holy Bible: King James Version. Grand Rapids, MI: Zondervan.

Maharshi, Ramana. 1972. *The Spiritual Teachings of Ramana Maharshi.* Copyright 1972 by Sri Ramanasramam. Biographical sketch and glossary copyright 1998 Shambhala Publications, Inc. Boston: Shambhala Publications, Inc.

Merriam-Webster. 2003. *Merriam-Webster's Collegiate Dictionary.* 11th ed. Springfield, MA: Merriam-Webster.

Microsoft Encarta Dictionary by Microsoft. Accessed April 17, 2007. http://encarta.msn.com/encnet/features/dictionary/dictionaryhome.aspx.

Plato. 1998 edition. *Republic.* Translated with an introduction and notes by Robin Waterfield. New York: Oxford University Press, Inc.

Yamamoto, Kosho. 1973 edition. *The Mahaparinirvana Sutra*. Translated from the Chinese of Kumarajiva. *The Karin Buddhological Series No. 5*. Yamaguchi-ken, Japan: Karinbunko.

作者简介

迈克尔·辛格的《清醒地活》获得了巨大成功，已在土耳其、巴西（葡萄牙语）、瑞士（德语）、西班牙、日本、中国、荷兰、丹麦、芬兰、波兰和意大利等国家出版。

辛格于1971年在佛罗里达大学获得了经济学硕士学位。攻读博士期间，他的内心深处开始觉醒，他开始闭关潜修瑜伽和冥想。他于1975年创立的“宇宙神庙”现已成为久负盛名的瑜伽和冥想中心，不同宗教信仰的人可以在这里汇聚一堂，体验内心的平静。多年来，辛格在商业、艺术、教育、卫生和环境保护等领域做出了重大贡献。他曾撰写过两本关于东西方哲学融合的书——《追求真理》和《普遍规律三讲：因果报应、意志和爱的法则》。详情请访问 www.untetheredsoul.com。

作者的其他学说

除了这本书以外，你也可以在迈克尔·辛格其他思想的教导下继续你的旅程。访问 www.untetheredsoul.com 获取灵性成长讲座的音频 CD。

与《清醒地活》阅读小组导读对话

为了丰富你的阅读体验，你可以与《清醒地活》阅读小组导读进行小组对话。免费下载：www.newharbinger.com/untetheredguide。

关于思维科学研究所

Noetic Books 是思维科学研究所的出版标识，该研究所由阿波罗 14 号宇航员埃德加·米切尔（Edgar Mitchell）于 1973 年创立。思维科学研究所是一个 501(c)(3) 非营利性的研究、教育和会员制机构，其使命是推动对意识与人类经验的科学研究，服务于个人和集体的变革。Noetic 源自希腊语的 nous 一词，意为“直觉思维”或“内在认识”。思维科学研究所通过对现实中那些包括并超越物理现象的方面——如思想、意识和精神——进行缜密的研究，进一步在传统科学领域进行探索。其主要项目领域包括整体健康和治疗、人体能力拓展以及新兴世界观。研究院的具体工作包括：

- 赞助和参与研究。
- 出版季刊《转变：在意识的前沿》(*Shift*：*At the Frontiers*

of Consciousness）。

- 维护每月会员计划——行动中的转变，及其相关网站 www. shiftinaction.com。
- 推广和共同赞助区域以及国际工作坊和会议。
- 在研究院静修中心举办驻地研讨班（静修中心占地 200 英亩，位于旧金山以北，车程 45 分钟）。
- 支持由社区团体组成的全球志愿者网络。

Noetic Books 与 New Harbinger Publications 的合作出版物包括《深刻的生活》和《深刻的生活》光盘。

获取研究院及其活动和计划的更多信息，请联系：

Institute of Noetic Sciences

101 San Antonio Road

Petaluma, CA 94952-9524

707-775-3500 / fax: 707-781-7420

www.noetic.org

你到底是谁

如果你能挣脱限制并超越你的界限，将会怎样？你每天需要做些什么才能找到内心的平静和自由？本书为这些问题提供了一个简单而深刻的答案。无论你是第一次探索内心空间，还是已经踏上了内心的旅程，这本书都将改变你与你自己以及周围世界的关系。

本书首先将带你领略你与你的思想和情感的关系，帮助你发现你内在能量的来源和波动。然后，本书将深入探究你应如何把自己从限制自己意识的习惯性思维、情绪和能量模式中解放出来。最后，本书将无比清晰地打开一扇通往你最深层存在的自由生活的大门。

东方是东方，西方是西方，但迈克尔·辛格在一部了不起的论著中架起了东西方伟大传统之间的桥梁，探讨了我们应如何在我们的精神追求与日常磨难中取得生活的成功。弗洛伊德说生命是由爱和工作组成的，辛格凭借出色的表达力、智慧和令人信服的逻辑，在这本精彩的著作中把二者表现为无私奉献的两极，从而完美诠释了这一思想。

——雷·库兹韦尔，发明家，美国国家技术奖章获得者，
《精神机器时代》和《奇点临近》作者

这是一本影响深远的书，坦率地说，它自成一类。迈克尔·辛格以一种简单而又深刻的悖论方式，带领读者踏上了一段旅程，从被束缚在自我上的意识出发，最后引领我们超越了短视而局限的自我形象，进入了一种内心自由和解放的状态。对于所有徒劳地寻找并渴望拥有更丰富、更有意义、更有创造力的生活的人而言，迈克尔·辛格的书是一个无价之宝。

——瑜伽士安穆睿特·德赛，国际公认的现代瑜伽先驱

这部著作的精与简体现了真正的大师风范。

——詹姆斯·奥戴，思维科学研究院院长

正念冥想

《正念：此刻是一枝花》

作者：[美] 乔恩·卡巴金 译者：王俊兰

本书是乔恩·卡巴金博士在科学研究多年后，对一般大众介绍如何在日常生活中运用正念，作为自我疗愈的方法和原则，深入浅出，真挚感人。本书对所有想重拾生命瞬息的人士、欲解除生活高压紧张的读者，皆深具参考价值。

《多舛的生命：正念疗愈帮你抚平压力、疼痛和创伤（原书第2版）》

作者：[美] 乔恩·卡巴金 译者：童慧琦 高旭滨

本书是正念减压疗法创始人乔恩·卡巴金的经典著作。它详细阐述了八周正念减压课程的方方面面及其在健保、医学、心理学、神经科学等领域中的应用。正念既可以作为一种正式的心身练习，也可以作为一种觉醒的生活之道，让我们可以持续一生地学习、成长、疗愈和转化。

《穿越抑郁的正念之道》

作者：[美] 马克·威廉姆斯 等 译者：童慧琦 张娜

正念认知疗法，融合了东方禅修冥想传统和现代认知疗法的精髓，不但简单易行，适合自助，而且其改善抑郁情绪的有效性也获得了科学证明。它不但是一种有效应对负面事件和情绪的全新方法，也会改变你看待眼前世界的方式，彻底焕新你的精神状态和生活面貌。

《十分钟冥想》

作者：[英] 安迪·普迪科姆 译者：王俊兰 王彦又

比尔·盖茨的冥想入门书；《原则》作者瑞·达利欧推崇冥想；远读重洋孙思远、正念老师清流共同推荐；苹果、谷歌、英特尔均为员工提供冥想课程。

《五音静心：音乐正念帮你摆脱心理困扰》

作者：武麟

本书的音乐正念静心练习都是基于碎片化时间的练习，你可以随时随地进行。另外，本书特别附赠作者新近创作的“静心系列”专辑，以辅助读者进行静心练习。

更多>>> 《正念癌症康复》 作者：[美] 琳达·卡尔森 迈克尔·斯佩卡